THE SPINNING MAGNET

地平线系列

ALANNA MITCHELL

THE SPINNING MAGNET

地磁简史

〔加〕阿兰娜·米切尔　著

冯永勇　向凌威　译

创于1897　商务印书馆
The Commercial Press

献给詹姆斯

目　录

序 　　　　　　　　　　　　　　　　　　　　　　　　i

译者序一 　　　　　　　　　　　　　　　　　　　　iii

译者序二 　　　　　　　　　　　　　　　　　　　　v

前　言　与宇宙嬉戏 　　　　　　　　　　　　　　vii

第一部分　磁　铁

第一章　故事的开端 　　　　　　　　　　　　　　2

第二章　不成对的自旋电子 　　　　　　　　　　　7

第三章　驻足在磁学先贤的背影下 　　　　　　　16

第四章　让铁动起来的物质 　　　　　　　　　　23

第五章　纸上的革命 　　　　　　　　　　　　　34

第六章　地球的磁性灵魂 　　　　　　　　　　　40

第七章　向地狱进发 　　　　　　　　　　　　　50

第八章　世界上最伟大的科学事业 　　　　　　　58

第九章　让世界反转的岩石 　　　　　　　　　　71

第二部分　电　流

第十章　在哥本哈根进行实验 　　　　　　　　　80

第十一章　非同寻常的亲密关系 　　　　　　　　86

第十二章　装满了闪电的瓶子　　　　　　　　90

第十三章　药剂师的儿子　　　　　　　　　100

第十四章　装订商的学徒　　　　　　　　　116

第十五章　磁铁产生的电流　　　　　　　　122

第十六章　充满整个空间的线　　　　　　　130

第三部分　核　心

第十七章　扭曲的环流　　　　　　　　　　136

第十八章　地球里的激波　　　　　　　　　146

第十九章　法老，仙女和防水布工棚　　　　156

第二十章　海底的斑马纹　　　　　　　　　165

第二十一章　在动力场的外缘　　　　　　　175

第二十二章　南半球异常　　　　　　　　　182

第二十三章　最糟的物理学电影　　　　　　193

第二十四章　旋转钠球的冒险历程　　　　　200

第四部分　转　换

第二十五章　仰望　　　　　　　　　　　　208

第二十六章　光照下的灾难　　　　　　　　216

第二十七章　致命的补丁　　　　　　　　　225

第二十八章　灾难的代价　　　　　　　　　233

第二十九章　鳟鱼鼻子鸽子嘴　　　　　　　239

第三十章　黑色硬蜡笔做的衣服　　　　　　244

注　释　　　　　　　　　　　　　　　　　253

参考文献　　　　　　　　　　　　　　　　271

致　谢　　　　　　　　　　　　　　　　　277

序

地磁学是一门古老而年轻的学科，说它古老是因其在大航海时代就被世界各国广泛研究，说它年轻是因其在美苏太空冷战之后，成为了借助卫星探测数据的空间科学和地球科学的重要组成部分。看到《地磁简史》的中文版即将面世，我由衷地感到高兴。

这是一本很好地讲述"地磁简史"的科普书，它深入浅出，通俗易懂。作者专访了地磁方面世界知名专家和学者，拜访了世界著名的大学和研究所的实验室和观测站，从神秘而美丽的极光开始，将我们一步一步引入到地磁这个古老而又新兴的学科中去，从古老的地磁场到电磁场、从岩石磁学和古地磁学到大陆漂移和磁极的倒转，从太阳风暴到今地球磁场强度正在超出预想的速度减弱，充分阐述了地磁学的发展历程。

地磁学在我国的发展可以追溯到19世纪末。最早的地磁站台在19世纪70、80年代，由俄国人主持在北京设立，后陆续在上海、香港、青岛、南京、桂林建立地磁台站。1932年至1949年，前后建立永久性和临时性地磁台5个，进行一次日全食观测；地磁测量遍及四川（包括重庆）、湖北、湖南、安徽、广东、广西、江西、福建、江苏、浙江、上海、台湾、海南以及西沙、南沙等15个省市和地区，共测118个点。其中复测点39个。先后参与测量的同志包括陈宗器、陈志强、周寿铭、林树棠、吴乾章、刘庆令、胡岳仁、周绳祖等人。

中华人民共和国成立后，先后在长春、兰州、武汉等 24 个城市以及南极长城站和南极中山站建地磁台站。1950 年至 1953 年在宁夏、甘肃和东北地区共测 35 个点，1955 年出版 1/800 万比例尺的中国地磁图，包括磁偏角图、水平强度图、磁倾角图和垂直强度图。1959 年至 1962 年地磁测量在全国范围内展开，共测 445 个点，其成果在 1964 年 3 月出版的中国地磁图中得到了体现。

改革开放后，尤其是 21 世纪后，随着综合国力的日益提升，中国于 2018 年发射了"张衡一号"（电磁监测试验卫星），首次获得了中国完全自主知识产权的全球地磁场观测数据，并构建了全球地磁场参考模型，这是自 1900 年全球地磁场参考模型构建以来唯一由中国科学家牵头制作的全球地磁场模型。相信随着我国综合国力的继续提升，必将获得更多地磁学上的科学成就，并承担起构建人类命运共同体的主要义务。

本书的译者冯永勇是中国科学院国家空间科学中心太阳系探测组从事空间物理研究的副研究员，向凌威曾在空间中心太阳系探测组进行卫星磁场载荷的研制与调试工作。他们都是我在返聘之后的同事与朋友，是有思想、有成就、有实践经验的地磁研究人员。在这里要特别感谢冯永勇，将这本优秀的科普著作推荐给读者，这是一件极其有意义的事情。希望有更多的年轻人了解空间物理，有更多的年轻人投入这个迷人又神秘的学科研究中来。

陈斯文

2021 年 7 月

译者序一

四季芬芳的米兰

2018年2月2日，我国首颗在近地轨道对地球空间电磁场环境进行监测的卫星，电磁监测试验卫星（也称"张衡一号"）成功发射，标志着我国全球地球物理场自主获取能力实现了从无到有。其上的高精度磁强计正是由陈斯文老师作为专家指导，我们团队研制的。在轨开机后很快获取了我国首张全球地磁图，结束了地磁场和电离层模型依赖西方、千公里时代，进入完全自主、百公里时代。

随后，我国科学家利用磁场数据首次构建具有自主知识产权的全球地磁模型，并被纳入2020年发布的国际地磁参考场模型（IGRF-13）。这是第一个由中国团队主导完成的IGRF候选模型。SWARM卫星的首席科学家Gauthier HULLOT教授评论IGRF候选模型时说，该模型的构建全部采用的是"张衡一号"高精度磁强计的数据，是目前唯一未使用SWARM卫星数据生成的IGRF候选模型，具有很强的独立性和参考价值。磁场数据还在地球物理、空间物理领域得到应用，例如地磁暴观测、极区电流体系研究、地磁脉动研究。

随着科学界对地磁的监测和研究日益深入，人们开始对地磁存在的历史愈发感兴趣。本书恰到好处地对电磁学和地磁学发展史做了一个系统梳理：从13世纪法国的地磁勘察，到维多利亚时代对电和磁源自同一个基础力的发现，到最新的研究成果。作者通过精巧的安排，将历史上那些奇思妙想和科学闪光点娓娓道来，将地球上持续变化着而又肉眼不可见的磁场生动地展现在大家的眼前，让在工作中天天与磁场探测器打交道的我也看得津津有味。

在翻译过程中，那些熠熠生辉的人物和历史总让我想起陈宗器老先生们（陈宗器老先生是我国当代地磁学乃至地球科学发展的奠基人之一，当年作为中方科学家代表参加了西北科考）、陈斯文老师们。如果说陈宗器先生那一代的先生们，对我们国家的科学发展是参天大树般的存在，那陈斯文老师们就像四季米兰，花开时节并不那么明艳，花香幽幽淡淡。如果说老先生们像北极星时刻指引着后来者，那陈老师们就像肉眼看不见的地磁场，在极地上空与太阳风共舞的时候会呈现出绚丽多彩的极光。

翻译这本书，不只是因为它的内容正好和我的工作直接相关，更希望可以借此向前辈们致敬。仰望浩瀚星空，我们畅想星辰大海的辽阔。凝视大地，让我们迎接百花竞放，四季芬芳。是为译者序。

冯永勇

2021年6月30日

于九章大厦

译者序二

"地磁反转"这个话题非常有 20 世纪 90 年代科普杂志的风格，那个时代的杂志叙述带有些许科幻色彩，导致人们现在听到地磁反转便联想到人类灭绝。与杂志风格不同，本书客观地梳理了人类对于地磁的认知过程，结合科学史、科学哲学与地球科学等多学科前沿进展，科学解释了地磁反转现象以及其可能带来的影响。

恰如作者米切尔女士所言，2016 年在法国南特举行的国际地球内部研究研讨会（SEDI）上，"地磁反转"的话题是一个被人有意忽略的幽灵。"这个话题不受欢迎且被人有意忽视，没有专门讨论它的会议，只有几张海报涉及它，也只是隐藏在角落，仿佛一行密码。当一位科学家在一次报告后被直接询问有关地磁反转的问题时，主讲人巧妙地把这个问题搪塞了过去。"

没错，在一些科研人员眼中，地磁反转问题与其说是科学问题，不如说是科幻问题或者是好莱坞编剧的问题。如此看来，本书尝试将"科学的密宗难题"连同其"修行的方式"，真实、科学、直观地呈现给读者，不得不佩服作者的勇气，以及其学识之渊博、思考之深邃。

在科学日益精细化的当下，我们的知识在分科之学下被割裂成一颗颗珍珠，本书却是一条罕见的珍珠项链！它不是一本零散的维基百科汇编，也不是一本博取眼球的民科作品。它用其流畅性和大局观帮助读者将整个地球科学和地磁学的前因后果、发展脉络、未来发展趋势串联起来；通过生动风趣的调研故事，真实展现现代科研工作的开展方式。更为难得的是本书从地磁学史的角度，揭示了科学和技术之间的辩证关系，有助于读者站在一个更加辩证唯物主义的角度去理解科学和认识科学——哲学不是科学的婢女，技术可以是科学的兄弟，神学不一定是科学的敌人，历史和社会学不应与科学平行前进。

本书不仅是一本优秀的科普著作，在我看来，它还称得上是一个理想的研学模板。研学不是旅游，而应该像作者这样，带着问题，如同侦探一般去走访各地科学家和科学现场。通过旅行路上的风景与奇遇、科学家们的口述、背景知识的获取、科学的"案发现场"来获得问题的每一块拼图，最终逻辑严密地将其组合成具有科学完整图景的调查报告。

翻译这本英语中夹杂着法语、拉丁语的科普佳作充满挑战，也给我带来了美好的回忆和持续的震撼。相信无论是专业的科研工作者还是各行各业的科学爱好者都一定能从书中获得自己的感悟与启发。

最后，鉴于译者水平有限，诚挚希望读者能够把自己发现或有所疑虑的问题反馈给我们。高质量的译本是当下出版行业和读者市场亟需的，希望这本书能够不断完善，并将其蕴含的知识和乐趣传递给更多的读者。

向凌威

2021 年 7 月

前　言

与宇宙嬉戏

　　当绿色的光开始在天空中舞动时，夜已深。我在帆布帐篷里，努力想要在北极夏末的寒冷中入睡，却又担心饥肠辘辘的北极熊。同伴们的叫喊声吵醒了我，想到即将直面夜晚的寒冷空气，我一边骂骂咧咧，一边穿上雪裤，靴子和保暖外套。

　　北极光正穿过黑色的天空，绿色的亮光伴着星光霓虹般地闪动，近得好像一件光的幕帘正笼罩着我们。它们忽而黯淡，让我们屏住呼吸；忽而又倏然变亮，弥漫整个天空。夜空与这绿色的超凡的极光一起翻腾，仿佛它们不只握住了我们的星球，也握住了时间。

　　看着霓虹灯般的北极光，我发现自己比之前更接近那些指引我理解这个星球磁力的学者们了。我露营的地方位于加拿大北极地区的威廉王岛，距离布西亚半岛约 100 英里，英国探险家詹姆斯·克拉克·罗斯在 1831 年正是在这附近首次确定了地球的磁南极。这个发现也是 19 世纪末磁学十字军运动的一部分。这是到那时为止世界上最持久、最充满激情的科学运动。那时，各国的实力取决于海军实力和海洋贸易，而这两项又都取决于所用罗盘的优劣。当然，罗盘导航也是很有技巧的。最终确定你在海上的位置还需要根据指南针的指向与真实的地理北极间的夹角进行调整。当时的世界，科学界齐心协力想要寻找一个让水手能够准确定位自己精确坐标的公式。要找到这个公式就需要更加了解拉动罗盘的神秘力量，而要了解神秘力量就需要读懂来自地球顶端和底部的信息，在这两处此种神秘力量表现得最为明显。

威廉王岛还萦绕着人类探索地球磁场的伤痛回忆。这是英国探险家约翰·富兰克林爵士在 19 世纪 40 年代与他两艘船上 128 名船员一起消失的地方。他们曾试图开辟西北航道，那是欧洲到亚洲，穿过北美大陆北部的短距离航线，能将东方的商品与欧洲的市场连接起来。同时富兰克林也是磁学十字军运动的一员。他的船只，"幽冥"号和"恐怖"号，携带了大量设备在北极建立了一个当时最先进的地磁台站，这是当时世界各地正在建立的数十个地磁台站之一，彼时科学家们试图通过这些地磁台站解读出地磁的奥秘。富兰克林就曾亲自在我们现在所知的塔斯马尼亚岛，这座位于澳大利亚大陆南部海岸的小岛上，精心布局，建立了一个地磁台站。

但当船队陷入了北极浮冰，富兰克林等人不幸死去后，幸存者们开始向他们认为安全的地方逃离。他们弃船，在指南针的指引下带着皮革鞋和军蓝色大衣登上了冰冻的岛屿，他们甚至不得不吃人肉求生，但还是全都死了。他们的遗骸至今也很少被找到。这是北极探险史上最大的一次灾难。居住在威廉王岛上的因纽特人认为，直至今日，水手们的鬼魂依然留在这个地方。他们在水手遗物中发现过一个黄铜指南针，这个指南针目前被英格兰格林威治的国家海事博物馆所收藏。即使在最后的难挨的时光里，这些人也试图通过指南针读出他们的位置，那是他们回家的最后希望。

富兰克林、罗斯还有其他维多利亚时代的探险家多年来一直在北极地区穿行，毋庸置疑他们曾经看见过北极光。但 19 世纪的他们是无法知晓指南针、磁极和极光是如何关联一起的。而今，我们搞清了它们彼此之间的联系。地球是一块巨大的磁铁，有北极和南极。延伸的磁场线从地磁北极处离开地球表面，绕着地球向北，在大气层外它们与太阳和银河系的磁场相互作用，然后在地磁南极重新进入地球，并最终形成一个波动的闭环。

磁场产生于地球隐秘的内部，灼热的固态的金属内核被液态的金属外核所包围。剧烈运动的地球诞生时残存的热量就是地球磁场的奥秘。地球的核心已经进行了数十亿年的演化，热量从内到外通过对流的方式进行传导。在地球内部尚未凝固的部分，对流的熔融金属产生电流，然后这些电流产生了地球的磁场。地球磁场宛若凤凰涅槃，不断地经历着重生和毁灭。地球的磁场能够延伸到数千英里之外的太空，为我们的星球提供一套巨大的，可以抵御不可见的宇宙射线和高能粒子的防御系统。如果没有这套防御系统，来自宇宙的高能射线就会撕裂地球的大气层并损害生物的细胞和组织。可以参考的是我们的姊妹星球火星在数十亿年前因为内建磁场的消失，失去了大气、水以及可能存在过生命。

　　带有磁化针的罗盘响应地球的磁场，那极光呢？对于人类来说，磁场是看不见的，不可察觉的。我们能看到地磁场的影响，其实是通过罗盘针的移动间接得知。但是许多物种能切实感知磁场，一些科学家称之为磁性第六感，就像视觉或触觉，只是更难以理解也更为复杂。从细菌到蜘蛛到鱿鱼到海龟再到几乎所有脊椎生物都会以某种方式利用磁场来导航；这是它们找到食物、伴侣、家园的一种方式。此外，当涉及感知磁力时，鸟类有属于自己的一类方式。一项研究发现，它们可以睁开眼睛看到磁场，就像我们看到光线一样。生物学家认为人类曾经也有能力像其他脊椎动物一样感知磁场。这种残存的能力被编织到我们的基因构成中，现处于休眠状态，但大多数情况下，我们不知道这个隐藏的力场对我们的生活和世界产生了影响。

　　极光是个例外。它们通常出现在行星顶部和底部周围的巨大椭圆形环中。偶尔它们会出现在更接近赤道的地方。它们是磁性短暂的可见效应，是外太空中由太阳朝我们咆哮着喷发的等离子体造成的暴力产物。等离子体，也称为太阳风，具有自己的磁场，当它以某种方式被引导时，它可以撕开地球的磁场。太阳风沿着地球磁场的环路涌入，将高速运动的、高能量的原子粒子注入极地区域，在那里它们撞击地球上层大气中的氧原子和氮原子。随之，太阳风也把来势汹汹的能量传递给氧原子和氮原子，激发它们。当被激发的原子回到正常状态时，它们会释放出额外的能量，产生光和颜色。我看到的绿色北极光正是受激发的氧原子在天空中嬉戏，也是地球自身磁场的展现。此时仰望天空就好像看到我们这个星球内部力量斗争的投射。

　　几千年来，世人都在努力理解磁场的含义。他们望向天穹，不是因为他们认为极光或天体可以提供关于磁力的线索，而是因为他们认为天穹是地球的操控者。如果他们能足够仔细观察星星，就能够了如指掌。通过实验和乍现的灵感，以及最后的数学和理论物理学，他们费尽周折建立了对我们今天所具有的磁性的概念性理解。它非常抽象，非常有创意，有一点点不完美，但很强大。

　　它还有启示性。它告诉我们一个令人惊讶的消息，我们需要密切关注过去被称为我们星球磁性灵魂的现象：地球的磁力正在移动中。这种力是古怪的，它的两极也是如此。最终，地球内部这股隐秘的力量会变得如此猛烈，甚至是颠覆性的，以至于它们将迫使两极转换位置。我们知道这一点，因为它在这个星球的历史上曾经发生过数百次。最后一次是 78 万年前，我们物种尚未出现在这个星球上。但是一系列的极性翻转已经留下了痕迹，这些痕迹隐藏在组成地壳外壳的板块的接缝处，在一些盖在它们上面的岩石和熔岩上。当磁极再次翻转时，我们称之为北极的那个地方将移到南极，南极将变为北极。当这种情况发生时，保护我们星球的磁性会衰减到其通常活力的十分之一，其结果将影响我们每个人甚至我们的文明。举个可以参考的例子，通常只有在高纬度地区看到的极光很可能在赤道附近可见，因为太阳风会把我们的大气层更加残酷地撕裂。当这种情况发生时，很可能意味着灾难。

　　即使是现在，我们地球的磁场也是在地核中形成。与此同时，我们的地球也在不断地受到太阳磁场的影响，而这正是我们这个星系的磁场大环境。太阳系中的大多数行星都有自己的磁场，它们都与宇宙的电磁场进行着相互作用，这个电磁场就像是流体，无处不在。由于波粒二象性，它们有时候在特定的场合表现为粒子，例如电子和夸克，并进一步形成原子。为了理解这一切，我专程采访了加州理工学院的理论物理学家肖恩·卡罗尔。理论物理学家是科学的诗人，他们可以看到物质的微小内容，想象出宇宙的东西是怎样被创造出来的。我问他场和粒子是在宇宙诞生的哪个阶段出现的。他回答说，场和粒子不是在某个时间点出现的，它们一直存在，是构成宇宙的基本要素。

例如，当你尝试将一个条形磁铁的北极对准另一个条形磁铁的南极时，它们会相互吸引到一起。但是如果你尝试将两个北极放在一起，无论你怎么使劲，它们都是会相互排斥的。表面上看这两块磁铁之间什么也没有，但事实上，宇宙中充满着强大电磁力的作用。无论我们所处的星球是否产生磁场，这种力一直在那儿。当你在摆弄磁铁时，你便摆弄了宇宙之力。

为了完成这本书的写作，我还深入去了解了化学世界。其中一个引路人是我的儿子尼克·米歇尔，他当时正在多伦多大学学习有机化学。他和我一起坐下来，耐心地向我解释化学家理解原子和分子的内在逻辑。作为一个拉丁文学者，我发现自己竟然正在阅读化学、物理和生物学的教科书。我渴望了解这个星球巨大的磁场，这促使我前往欧洲和北美的几所大学，去寻求世界顶尖科学家的解释。他们中有的是粒子物理学家，研究构成原子的基本单位；有的是天体物理学家，研究行星和恒星的运行，包括太阳的运行；还有的是地球物理学家，他们渴望了解我们的星球现在是如何运作的，曾经是如何运作的，以及未来将如何运作。他们中的许多人似乎可以直接在家中通过连接云端的超级计算机，用复杂的数值模拟来剖析地壳外的每一块岩石，并借此解析其中的奥秘。

他们带我回顾了早期的形而上学，带我回到了科学、魔术和宗教是同一概念的时代。在人类研究磁学的大部分时间里，这都是一项危险的工作，这项工作会威胁主导社会的神学思想。旋转的磁铁，在历史上很多时候会被认为是异端，因为它并没有用《圣经》所言来描述地球。

现代科学家帮助我了解了中世纪的磁学研究，文艺复兴时期对电的探索以及维多利亚时代的科学运动。这些时代的磁学探险家都有他们自己的哲学，并为他们发现的现象提出了新的解释。每个人都试图用语言解释他们的发现，通常是用隐喻，有时还会自己创造一些表述。例如，描述磁铁的两极就是借用行星在天空中绕轴运动的术语。它是早期天文学术语，但它今天仍然在使用。其他概念比如顺时针和逆时针来自于钟表业的术语，还有借用生活术语的表示方向的上和下，以及经典物理学和天文学中出现的轨道和旋转。这套描述体系似乎有点混乱。但事实上，即使今天用量子物理中轨道、场和叠加态的术语来描述世界，也无法做到完全准确地描述这门学科想要解释的东西，正如卡罗尔所指出的那样。

这意味着表述磁学的语言随着时间的推移在不断变化，并将继续发展。这也意味着科学的任何一个分支，比如化学，它都和另外一个学科，比如理论物理学有着不一样的描述体系。本书就是将这些想法从不同领域的科学术语转化为了通俗易懂的语言。希望这本书能够为您带来它独到的益处。

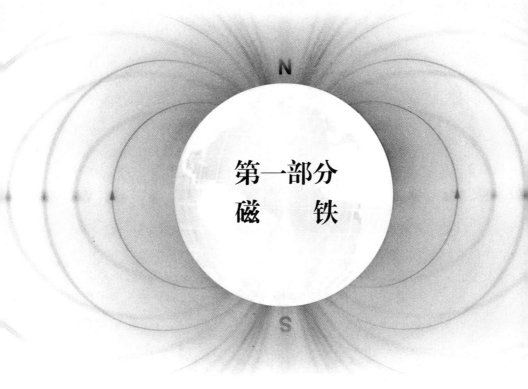

第一部分
磁　　铁

　　不好意思，我无法用你熟悉的方式来解释磁力，毕竟我也不是用你理解其他知识的方式来理解它的。

——理查德·费曼，诺贝尔奖获得者[1]，1983 年

第一章　故事的开端

雅克·科恩普鲁斯特（Jacques Kornprobst）——这个可以解读岩石秘密的人，正变得焦躁不安。我们约在克莱蒙费朗（Clermont-Ferrand）的酒店见面，他提前二十分钟就到了那里。克莱蒙费朗是法国一个古老的大学城，坐落在一个火山带上。今天他本打算用早已准备好的入口密码把车停在酒店后的免费停车场里，可密码却让他失望了。

生活中有一类司机具有这样一项技能，他们可以在街上恣意畅游，在需要停车的时候能恰巧发现一个停车位，而科恩普鲁斯特显然不属于这一类司机。如何在这座仅有 15 万人口的城市里顺利停车已经困扰了他几十年，而且这还都是在他做了充分准备的情况下。他一般都精心制定每一天的行程，并做好错综复杂的停车计划。显然，今天他计划的第一个停车位又落空了。

我望见他下车后大步冲进酒店，在这个春寒料峭的时节，他的脸被冻得通红，指尖冰凉，直搓手。

"我是科恩普鲁斯特！"

他闻声后朝我打了个招呼，这是我们的初次会面。随后他迅速朝酒店前台走去，用略带委屈的法语语气向前台一位女士解释他受到的不公平待遇。这位女士看起来非常友好，之前一直忙着往面包篮里补充面包，并不时地修修弄弄咖啡机。现在这位女士一脸茫然地坐在那里，听着科恩普鲁斯特的解释："我昨天已经打电话来确认过入口密码，但是今天，现在……它却失效了。"科恩普鲁斯特结结巴巴地向女士解释着，下巴略微前倾。

此时，这位女士突然从大堂后门离开，科恩普鲁斯特也从前门出去并钻进他那辆停在一条弯道的拐角位置的蓝色雷诺轿车。随后，他在这条饱受风吹雨打的道路上打了个 U 字形转弯，使车头正对停车场入口，并且出示了并不怎么好用的入口密码。前台的女士也站在那里，一边冻得瑟瑟发抖，一边输入密码。科恩普鲁斯特则用手指不停敲打着方向盘。当栏杆最终升起时，女士不屑一顾地回到了酒店座位上。而科恩普鲁斯特嘴角上扬，启动发动机，手握方向盘，成功把车停进预定的车位。

回到大堂，科恩普鲁斯特看了看手表。他最近的一项工作是研究前辈伯纳德·白吕纳（Bernard Brunhes）的工作成果和生活情况。白吕纳名字的发音接近法语中的 "brune"，他是一位法国物理学家，他和助手皮埃尔·大卫（Pierre David）一起，在上个世纪之交发现了一个令人震惊且有争议的事情，他们发现这个星球的两个磁极，也就是地球的地磁南极和地磁北极曾经倒转过。在之后的十几年时间里，他的同行们依然对他的发现感到震惊，他们又陆续发现两极不仅反转了一次，而且在不可预测或者叫"非周期性"的情况下发生了多次的反转。最近的一次地磁反转则发生在 78 万年前。

尽管我们目前的地磁极性年表是以他的名字命名的，但白吕纳在很大程度上已经被科学史所遗忘。他甚至没有在被誉为地磁学科圣经的《地磁学和古地磁学百科全书》（*Encyclopedia of Geomagnetism and Paleomagnetism*）中获得相应的介绍。虽然他发现了地磁倒转这一伟大的科学现象，但事实上他在自己的祖国法国也没有获得应有的影响力，甚至是寂寂无名，要知道法国人通常都会格外尊崇自己民族的科学家。

科恩普鲁斯特，作为一个以继承白吕纳事业为己任的物理学家，认为自己必须纠正目前人们对白吕纳的漠视，因此他致力于研究白吕纳的工作成果。几年前，他费尽周折找到了白吕纳曾经去过的乡村，在那里，白吕纳曾从路堑上削下过一块易碎的赤陶土，这是一种性质类似于古希腊陶制花瓶的土壤，继而触碰到了那个伟大的发现。科恩普鲁斯特作为世界上能够找到这个村庄的少数几个人，精心收集了它可能位于何处的线索。但当他第一次来到现场朝圣时，依然十分的沮丧，因为他并没能在那里找到合适的赤陶土层。后来他又去过那里几次，但由于没有做合适的标记，那里总是被过度生长的植物再次覆盖。对他而言，成功似乎总是在触手可及的时候悄悄溜走。

科恩普鲁斯特认为至少应该在克莱蒙费朗大学为白吕纳设立一个纪念碑，所以他花了几年时间写信向世界各地的地质机构和知名物理学家介绍白吕纳对科学的贡献，并努力筹集资金促成了纪念碑的建成。2014年，他安排了纪念碑的落成仪式和关于白吕纳的讲座。正是通过那一场讲座，我知道了科恩普鲁斯特。再之后他为美国地球物理联盟的 *Eos* 期刊写了一篇关于白吕纳生平的文章，我看到了这篇文章，并通过电子邮件联系了他，询问他是否愿意帮助我理解为什么白吕纳如此重要，甚至是否可以带我去寻找那些赤陶土层。13 分钟后他便回信说他很高兴来做这一切，于是两周之后我就来到了克莱蒙费朗的这家酒店。

科恩普鲁斯特穿着厚实的灰白色针织毛衣，与他略显蓬乱的头发颜色相同。他将车停在了酒店停车位，在我们碰面后就带着我从酒店出发，穿过克莱蒙费朗的后街前往我们的目的地。克莱蒙费朗是法国最古老的城市之一，建于公元两千多年前，当时这里是一片神圣的森林。随着我们的脚步，我们开始穿越千年，跨越科学的历程。我们先走的这条路是以皮埃尔·蒂尔哈德·德·夏尔丹（Pierre Teilhard de Chardin）命名的，他是一位耶稣会牧师兼古生物学家。他曾经因为进步思想深深触犯了梵蒂冈——正是那个声称《圣经·创世记》比事实更具寓言性的梵蒂冈。之后我们步行经过布莱斯·帕斯卡大学位于市中心校区的地质系主楼，这是一所以 17 世纪数学和物理学家帕斯卡命名的大学，他对于气压的开创性实验是在城外几公里处和他的姐夫一起完成的（"据说帕斯卡在这里开展了著名的气压试验。"科恩普鲁斯特得意地介绍，并径直指向前方的街道，"但事实并非如此。"）。接下来是一条以 19 世纪的动物学家卡尔·凯斯勒（Karl Kessler）命名的道路。最后，我们来到了以文艺复兴时期一种小石头命名的拉巴内斯（Rabanesse）大街，眼前的城堡就是白吕纳的家和他的第一个气象台了。

科恩普鲁斯特眉梢上挑，一副得意洋洋的样子，似乎这座城堡代表着很多的东西。

这座城堡看起来并不起眼，它被遗忘在繁华的艺术学院街对面，杂草丛生的土地上，四周围绕着两层令人生畏的铁丝网。那些曾经美丽优雅的低层窗户，部分如今已经被填充了水泥。覆盖在外墙的火山岩外饰也已经残破不堪，通过接缝处的间隙，我们还可以看清它们是如何组合在一起的。而这座城堡的塔楼，也就是白吕纳于1900年开始收集气象信息的地方，如今坚固依旧，高达六层，直插云霄。塔楼外墙的15世纪的铁质镂空装饰留存至今。

这也是白吕纳故事开始的地方。他就是在这里发现了这个星球磁极反转的秘密。而之后这个发现又将进一步推动人们去发现地球核心中那些神秘磁性事物的秘密，那些神秘的事物如何被再次扰动，什么时候又会再次逆转的秘密。

也是在这里，白吕纳（白吕纳这个姓氏在古代法国南部游吟诗人使用的奥克西坦语中就是褐色的意思）开始逐步了解了来自地球内部的神秘力量，也就是地磁力的奥秘。我们在日常中似乎从来没有感受到它，也很少看见过它，但科学家和哲学家几千年来却一直试图去了解它。在人类历史的大多数时间里，人们认为这是一种局部且短暂的力量，是一种魔术，甚至是变化无常的魔法。但事实上，磁力是宇宙中为数不多的基本力之一，而要理解它，必须先回到宇宙的诞生之时，去看看宇宙是如何诞生和构造的。而要了解宇宙的诞生，则需要理论物理学家们的指引，因为他们已经构建了迄今为止最精确的描述现实的数学定律[1]。

第二章 不成对的自旋电子

今天，从概念上来说，我们把磁力归为电磁力的一部分，而电磁力则是标准物理模型中宇宙的四种基本力之一。所谓的基本力就是宇宙当中最基本，无法被更进一步统一的力。如果将它与数学上的概念进行类比，这个概念类似于素数（比如 3 和 13）的概念，除了自身和 1 之外，它不能被分解为其他任何整数的组合，而基本力则是无法被更进一步统一在一起。

从理论上来讲，素数有无穷多个，但就人类目前对宇宙的认识水平来看，只有四种基本力，它们分别是引力、强核力、弱核力和电磁力。（值得注意的是，目前科学家们依然在孜孜不倦地寻找神秘的第五种基本力，并偶尔会发表已经找到这种力的声明，当然，这都是极具争议的，也希望大家在日常生活中能够持续关注这个问题。）这些力中的每一种都是宇宙运行所固有的，也是宇宙运行所不可或缺的。它们与宇宙、太阳、月亮、星辰、太空一起诞生。

引力是让艾萨克·牛顿的苹果掉到地上的力，它还防止你在地球旋转时被地球甩出去。它掌管着物质相互吸引而不会相互排斥的法则。引力是四种基本力中最弱的，但它却可以延伸到无限的空间。核力则只控制着原子内部，而不是更宏观的东西。强核力将原子核结合在一起，弱核力（之所以称为弱，是因为它的作用范围小于强核力）允许原子分解裂变形成其他类型的原子。这种性质使得弱核力仿佛炼金术师，能够改变元素，左右着元素的放射性衰变。太阳的能量让地球成为了一个温暖宜居的星球，便是这两种核力的结果。读到这里的时候，太阳中的弱核力正让氢质子释放出足够的能量来变成重氢原子（氘），然后在强核力的推动下，这些重氢原子便融合成了氦原子。

那什么是电磁力？它是将物质结合在一起的力。美国理论物理学家肖恩·卡罗尔解释说："除了让我们站在地球上的引力，我们所看到的一切现象都是由磁力和电力引起的。"它是原子结构的基础，是将电子固定在原位并允许原子连接成分子的原因[1]。但原子结构的规律又来自哪里呢？它来自于宇宙诞生的本身。

宇宙大爆炸发生在大约 137 亿年前，在这之后我们如今的宇宙被创造了出来。那构成宇宙及其中所有物质的又是什么呢？是原子和它们形成的元素吗？对于量子场理论家来说，答案可以被精确到比原子更基本的东西。对于他们来说，宇宙是由一个个场构成的：每个基本力的场，还有管理着物质的其他 13 个场[2]。简单来说，场就是流体物质的数学表达，这种物质遍布于宇宙各处[3]，有各自的数值并保持着流动和摇摆状态。而要理解这些概念是有一定困难的。美国已故物理学家理查德·费曼在他为加州理工学院的本科生举办的著名物理讲座中表示，他从未能够完全理解形成电磁场的内在原因。"你们想要知道我是如何想象和看待磁场和电场的吗？或者说我想象电磁场的形象是为了什么呢？这种想象与试图想象屋子里隐形的天使有什么不同吗？这的确有很多不同，因为想象电磁场远比想象隐形的天使困难得多。"[4]

我们可以理解电磁场的某些部分。比如电磁场是一种波动，而光波或者声波是电磁场穿过空间的涟漪。而从另一个角度来说，电磁场又是一个个存在于某个位置而不存在于其他位置的粒子。但是，就像通过光和波动来理解电磁场一样，粒子性依然是理解电磁场的一个方面，这些粒子就像是把微小的波捆绑成一束能量[5]。粒子能够构成原子，或者其他宏观上我们可以看到和感觉到的东西，而目前人们看来最基本的粒子就是电子和两种夸克：上夸克和下夸克，而它们都有自己的场。如果你从生物学的角度去类比，它们就像是 DNA 的基础碱基对，它们是地球上每一个生物的基础。宇宙的神奇之处在于，从理论上来说，这些夸克就像碱基对一样都是可以相互替换的，而电子也是这样。而它们和它们的场构成了所有事物的基石，包括你和我。

以上对理论物理学家的意义在于我们观察到的只是事物可被观察的一部分。我们通常意义上的宇宙空间其实充满了电磁场以及和电磁场相关的物质和力，对物理学家来说，这点也不足为奇。

当宇宙刚刚诞生百万分之一秒的时候，它已经冷却到足以让夸克结合起来形成质子和中子，并最终形成原子核[6]。（"原子"这个词来自希腊语，意思是"不可分割的"，事实证明他们搞错了。）电子则不会结合起来形成更大的东西，它们仍然处在独奏的状态。粒子还不会形成原子，因为彼时的宇宙依然太热了。

在这个新宇宙诞生大约 100 秒的时候，物质继续冷却到足以让一些质子和中子连接起来并形成氦原子核，即两个质子和两个中子构成的原子核。又过了 38 万年，宇宙已经足够冷却，于是一些简单的原子核在它们周围的空间中获得了电子。负的电子和正的质子充分证实着电磁场的准则：相反的电荷相互吸引，相同的电荷相互排斥。所以负电子被吸引到正质子附近。这种吸引力使电子保持在原子核周围的空间里。中子，顾名思义是中性的。那为什么质子是正的，电子是负的，中子是中性的呢？如今并没有令人满意的解释，似乎它们天生就有这些差异，而我们只是碰巧赋予它们这种命名。那么为什么相反的电荷相互吸引呢？同理，它们也是天生如此。

原子大部分的质量位于其中心，也就是质子和中子组成的原子核，而电子的质量远小于它们，并且处在不断的运动过程中。正如一些化学家说的那样，如果整个原子有一个棒球场那么大，那么原子核就只有场心的棒球那么大。这使得大多数早期理论家认为原子当中是空旷的。今天我们知道它充满了无形的场。因为原子会产生物质，这也意味着大多数物质，而不仅仅是空间，都是以不可见的场存在的。这包括构成你身体的物质。我有时会想那些把场弄明白的科学家，他们的感觉是怎样的。我想象着他正以新奇的角度看着他自己的手，并试图看透它。

原子就是电子、质子、中子这三个主要组成要素的排列，而不同的排列方式决定了最终会组成哪种原子。而如果你可以在这里做进一步的思考，那么你还可以从磁力的角度去理解原子。

对于每一种原子，质子的数目是关键。该数字决定了它是哪个元素。换句话说，元素的特定身份由其原子核中的质子数控制。质子的数量也决定了元素在元素周期表中所处的顺序，因为元素周期表是从氢开始按照原子序数递增依次排列的 [7]。

当质子数目发生变化时，例如在放射性衰变或核聚变期间，原子的名称也会发生变化。之所以氢原子会是氢原子，就是因为它的核中只有一个质子。当巨大的热量迫使氢原子核与另一个氢原子核融合时，新生的原子就有两个质子，于是它就变成了氦原子。当原子核中质子的数量发生了变化，元素的名称也随之发生了变化。

相比之下，原子中的中子和电子的数目可以在不改变原子名称的情况下改变。例如碳元素，作为元素周期表中的第六个元素，始终具有六个质子。但在自然界中，有时它有不同数量的中子。这些具有不同中子数目的碳元素被称为同位素 [8]。如果中子太多，原子就会变得具有放射性和不稳定性，然后会转变为另外一种更稳定的元素。

处在原子核周围空间的电子，为电磁学难题的解开提供了一个突破口。在一个多世纪以前，当电子被发现时，科学家将它们想象成小行星围绕着类似恒星的原子核在固定的轨道上运动，就像地球围绕太阳一样。他们甚至将这些电子运动的轨迹用天文学上已有的名词来称呼，比如轨道。

如今人们所说的电子在轨道中移动，指的其实是电子运动可能存在的数学表达式。我知道，这听起来像天书。但它只是意味着电子不是在一个线形轨道中，而是在核周围非常清晰的三维云中做着概率波的运动。你无法指出一个具体的地方，并说这就是电子现在的位置。所以电子并不需要处在一个特定的线形轨道上。而电子的云轨道也具有许多的理论形状，一些是球形，另一些则是复杂的三维 8 字形或者哑铃形，或者其他更为复杂的形状。

一个非常违背直觉但又客观的观点是电子和其他粒子既可以作为场当中的波，也可以作为单个物理粒子，即电子具有波粒二象性。这种性质是宇宙基本的组成部分。例如，当电子从一个轨道跃迁到另一个轨道时，它们被当作单独的物理实体。但是当它们在任一时间点无法处于一个具体而可识别的地方时，它们又像一个波或一个场。为了理解电磁学，我们必须首先接受这种复杂性。

还有一点值得指出的是虽然描述电子行为的行星轨道假说现在已经过时，但它作为一种方便认知的形象仍然是有用的。事实上，轨道是围绕原子核以同心环或同心层或同心壳的形式排列的。这种简化使它们更容易被具象化。一个核心法则是，电子离原子核越远，它所拥有的能量越大，越容易脱离原子的影响。

这些电子在轨道中的运动特性为我们提供了一种产生磁场的方法。除了一些例外 9，宇宙中的每个电子都处于一个轨道中，或者处于进入一个轨道的过程中。但宇宙还有一条定律便是每个轨道只容得下两个电子，也就是一对电子，而这一对电子又必须以相反的方向旋转 10。令人困惑的是，这里描述电子自旋方向的比喻竟来自于制表行业：如果一对指针中的一个是顺时针旋转，那么另一个必须是逆时针旋转。关键点在于一个运动必须抵消另一个运动才能达到平衡。另外，每个轨道也包含在可以容纳固定数量电子对的壳层或组里。

电子在选择所处的轨道时有很强的偏好，它们以高度严谨的方式填补轨道。事实上，它们有严格的行为准则，在移动到另一个外层轨道之前必须先填满一个内层的轨道，只有在特殊情况下才能打破这些准则。回到棒球场的比喻，便是必须先将靠近球场的钻石贵宾区座位坐满，如果还有剩余的电子，再逐行逐行地向看台上更远区域就座。

电子其实不喜欢配对[11]，它们更愿意在轨道上独自表现，配对是最后的选择。它们会在消耗能量进入更高级的壳层之前就先配好对，这样它们就可以拥有一个属于自己的位置。

我大学有个化学老师，讲课时深入浅出，他常提起年轻时喝啤酒看棒球比赛的经历。他曾经这样描述过电子的排布规律：假设有六个喝完啤酒后急需小便的年轻人，而卫生间内只有三个小便池。那么每队的前三个人都有小便池可用，接下来每队剩下的那个人将会要求和前面的那个人共用一个小便池。其实当有空的小便池时，他们是不愿意和其他人共用的，他们也想每人有一个单独的小便池。而当每个小便池的第二个位置都被占据时，队伍后面双膝紧紧并拢等待的男人们则不得不到楼上去找另外一个卫生间。

虽然每个轨道都有偶数个位置，但并不是每个原子都有偶数个电子。这意味着有时在轨道上会有电子没有配对，它们有专属于自己的位置。人们称它们为"单电子"。在法语里它们被称为"独身者"。

这便是磁力的来源。当材料由具有一个或多个不成对自旋电子的原子组成时，原子本身会产生一个微小的磁场。但是在一些特殊的物质中，这些单独的电子可以在相同的方向上旋转、排列，在一个更大的范围内保持一致性，并放大这种微小的磁场，最终使其影响范围大于自身，在宏观层面上显现出来。在大多数物质中，这个磁场很弱并且转瞬即逝，只能通过精密仪器测量。还有一些物质，其中的磁场相互抵消而不是相互放大。但是一些原子却可以有很强的磁场，最常见的是铁、钴、镍。铁原子在其最外层的填充轨道中有四个不成对的电子，钴原子有三个，镍原子有两个。当这些元素与其他元素结合以构成诸如磁铁矿、赤陶土、玄武岩之类的材料时，材料内的磁场便可以持续很长时间。

因为在相同方向上旋转的不成对电子会产生磁场，所以磁场本身在往一个方向运动这种说法是正确的。事实上也确实如此，与轨道一样，科学家们使用行星运动的语言来描述这种现象。他们说磁铁有南北两极，在极点处磁场最强，磁场运动的方向是从北向南。

沿相同方向运动的磁场会相互排斥，而沿相反方向运动的磁场会相互吸引。它与原子结构中质子和电子的正负电荷相互吸引或排斥的道理相同：即异极相吸，同极相斥。因此，当你试图将一块磁铁的南极贴在另一块磁铁的北极上时，它们会咔哒一声黏在一起，并使磁场增强。但是如果你试着将两个磁铁的南极或北极接在一起，磁铁则会相互排斥，它们坚决拒绝连接在一起。这就是磁铁的基本推拉运动，是它们内部强大而无形的磁场在做着推动和拉动，这种磁场与构成宇宙的场是相同的。

磁场除了具有方向，也具有强度。想象一下，你只有一个原子，那么无论有多少不成对的自旋电子，该场都非常弱，而聚集大量具有不成对自旋电子的原子则会产生更强烈的场。因此，较大的磁铁比较小的磁铁磁力更强。将两块我们刚才说的磁铁的南北极连接在一起，可以产生更强大的磁场。这是说得通的，因为你有更多未配对的自旋电子向着同一方向拉动。

为了完整地描述磁铁或者其产生的磁场，你需要能够弄明白方向和强度。数学家将同时具有大小和方向的量称为矢量[12]。当我们说矢量上的速度时，它既有大小又有方向。因此，汽车的速度是往东北方向每小时 100 公里。这与说汽车朝向东北方向行驶（只有方向），或者说汽车每小时行驶 100 公里（只有大小）是不同的。

宏观上，如果宇宙诞生之时，没有电磁相互作用力这种原力的影响，那么它从原子结构开始就会是一个无法想象、完全不同的世界。

第三章　驻足在磁学先贤的背影下

科恩普鲁斯特在拉巴内斯大街附近踱着步，思索白吕纳在变革磁学上所做出的贡献。他只是想表明他是研究白吕纳而非磁学的专家。我才不会被他骗，虽然一般来说科学家如果不在某一领域发表大量的论文，他们在这个领域的权威就不会被承认，但其实科恩普鲁斯特比这个星球上的绝大多数人都更了解磁学。

科恩普鲁斯特年纪轻轻就对地球的地幔结构产生了浓厚的兴趣。地幔是地球四层结构中最厚的一层，它的英文（mantle）原意为斗篷，因为它包裹着地球的外核和内核。地幔的大部分被地壳包裹，当然也存在地幔穿破地壳的特殊情况。"摩洛哥"，科恩普鲁斯特一脸憧憬地感叹道"那里就有一块神奇的地幔"。

地幔主要由高压下的硅基物质组成，这里的硅和我们制造计算机芯片用的硅是同一种元素。这种物质被辐射能量加热后，安静而缓慢地移动着，比地核移动的速度还要慢。由坚硬的板块构成的地壳移动得则更加缓慢，仅仅在以毫米计量移动着大陆和海洋。有时候，板块会撕裂或者是相互地嵌入，随之引发了火山和地震。相比于地核和地壳都有各自独特的作用，地幔的一个重要作用是释放多余的热量，这个过程正是产生火山和地震的重要原因。这释放多余热量的特性也是地球自身磁场产生的深层次原因，这种磁场在地核内部就已经生成了。地球的热量是从内向外传递的，从内核开始，传到外核，再到地幔，最后到地壳。因此越是了解地幔，对地核和地磁场本身就越了解。

20 世纪 80 年代中期，当科恩普鲁斯特担任克莱蒙费朗的布莱斯·帕斯卡大学地质系主任时，他建立了一个火山活动和磁学研究中心，使该大学的地质系成为全球地质学研究的最前沿，这个中心也见证了很多法国学者对这门学科的热情。1998 年，科恩普鲁斯特成为了克莱蒙费朗地球物理观测中心的主任。这也是白吕纳在 20 世纪头几年住在那座城堡时所担任的职务，那座六层高塔便是克莱蒙费朗最初的地球物理观测站。

塔的底部是一个厚而低矮的木板门，成年人只能弯腰进入。可以想见白吕纳从这扇木门进去，爬上六层楼梯，站在顶层圆形塔楼栏杆的后面，思索着宇宙星辰以及这个地球核心的涌动。一些看起来很有年岁的树木依然矗立在这片土地上，大概白吕纳一家在这儿生活的时候，这些树已经在了。

塔楼外的篱笆上挂着一块标志牌。尽管在 2009 年，这栋建筑物被指定为法国历史古迹单位，但还是被出售并计划重新开发，改造成为 42 间住宅。每当提起这件事，科恩普鲁斯特都牙关紧闭，眉头紧锁。他帮助组织了一场学生抗议，对亵渎白吕纳第一座观测站的行为绝不可无动于衷。

科恩普鲁斯特进一步解释说，这座高高的塔楼起初是 19 世纪末泛欧洲的地球物理观测计划的一部分，用于收集有关天气和气象条件的信息。一开始它与磁学毫无关系，也未曾预料它研究的学科会改变。

这座塔楼通过电报线可以连接到世界上第一座山地气象观测台，这座观测台位于克莱蒙费朗城外多姆火山的山顶。该火山是散落在法国中部的古老火山链中最著名的一座，十分陡峭，令人望而生畏，曾经被选为环法自行车赛的一段赛道。即便在今天，它仍然是这座城市最瞩目的地标，一个俯瞰全局的巨人。在晴朗无云的日子里，你可以看到坐落在火山顶的观测台，它仍然在持续收集着各种气象数据。

后来，这座塔楼加入了巴黎的气象组织，构成了从山脉到平原再到首都进而延伸到整个欧洲气象观测网络。但白吕纳的兴趣绝不仅仅于此。根据 1999 年出版的一本白吕纳简短传记，他出生于 1867 年，来自一个显赫的家庭，是七个智力超群孩子中的老大，在儿童时期便立志要成就一番事业。

他的父亲于连·白吕纳是法国西南部城市欧里亚克一位制鞋大师的儿子，这座城市位于克莱蒙费朗的南边，大约两小时车程。于连弃商从文，从家乡来到巴黎学习，最终成为第戎大学的物理学教授和自然科学系主任。

伯纳德·白吕纳和他的弟弟让·白吕纳都追随父亲的脚步做起了科学研究。事实上，于连·白吕纳 1895 年去世后，伯纳德便在第戎大学接任了他父亲的职位。但是他的弟弟让·白吕纳却因提出并开辟了人文地理学这一研究人类与环境相互作用的社会科学而更加出名。

伯纳德·白吕纳在已发表的论文和关于他的传记中被刻画为

一个体弱但意志坚强的人、一个虔诚的罗马天主教徒、一个理想主义的社会改革者。1892 年，他和弟弟让前往罗马，作为年轻的基督教社会主义者代表团的成员，在梵蒂冈受到了教皇利奥十三世的接见。读了教皇 1891 年所著的《新事通谕》，兄弟俩很受启发。《新事通谕》是现代罗马天主教会关于社会问题的第一个通谕，也是现代天主教对社会正义和气候变化理解的基础，也为继任教皇弗朗西斯后来的工作奠定了根基。在《新事通谕》的鼓舞下，白吕纳兄弟开始义务为蓝领工人在夜间上课。

就像他那个时代的许多学者一样，伯纳德·白吕纳也是一个学识渊博且兴趣广泛的人。从光学到声学，从电学到热力学再到 X 射线，从园艺和植物学到现在的环保主义，他都有涉猎。但1900 年他被任命为克莱蒙费朗的观测台主任和大学教授之后，他对新兴的地球物理学产生了极大的热情。这门学科是一个广阔的领域，其研究范围涵盖了从地球的形状、结构到大气层整个范围，还包括地震学、引力、火山活动和磁学等。

白吕纳对多姆火山的观测台进行了翻新和扩建，安装了一个煤气发电机来发电，这在当时是一项勇敢的创新，之后他让助手皮埃尔·大卫全天驻守在那里。至于那座克莱蒙费朗的塔楼，白吕纳觉得它位置不佳，无法收集到最好的气象数据，决定在塔楼几公里外的地方新建一座更加宏伟的观测台。

从筛选天气数据，到运行克莱蒙费朗的塔楼，再到翻修多姆火山上的观测台，白吕纳的热情被岩石的磁性点燃。但在当时，一些最基本的问题尚未解开：岩石是如何获得并携带磁性的？岩石是什么时候获得磁性的？透过岩石的磁性能够窥探这颗星球的进化方式吗？

根据我们的日程安排，科恩普鲁斯特首先驾驶他的雷诺小轿车带我去莱斯兰迪斯的停车场。这是白吕纳在20世纪早期主持建造的一座大楼，如今是帕斯卡大学的主校区。他从车里跳出来，像个主人一样环顾四周，深深地吸了一口充满樱花香甜的空气。莱斯兰迪斯是一幢漂亮的两层红色建筑，窗畔被一排令人眼花缭乱的樱花树和几幢辅楼所包围。这栋楼建成于1912年，和位于市中心拉巴内斯大街的那座小小的塔楼相比，这里的确是一个相当大的变化。科恩普鲁斯特在这座楼里当了九年的主任，这里见证了他的成功和荣耀：成功研制了可以测定火山云中粒子速度的多普勒雷达，建成了拥有法国最好的十几个地震仪之一的地震观测台，为公众和学者提供实时免费的地震潜在活动监测。

如今，这栋主楼已被移交给法国地质调查局（BRGM）使用，这个单位负责采集该地区水位、井孔以及煤、铅和铀等资源的信息和数据。新到任的主任几个星期前就已经在这里接手工作了，科恩普鲁斯特以他惯常的高效率提前打电话通知了自己的来访。看到新主任来了之后，他走到门口，说道："我是科恩普鲁斯特。"这位新主任是位女士，看起来被科恩普鲁斯特表现出来的激动吓了一跳，但随即带他四处逛了逛。

看到自己以前办公室全新的装修，科恩普鲁斯特惊呆了。奢侈，太奢侈了！宽大的办公桌，无敌的美景。从办公室窗口，他指了指了我们行程的下一站：一座新大楼，就在空地的另外一边，周围几乎没有任何停车位。他说："我们就把车留在这里，然后走过去。"

现在，科恩普鲁斯特看起来很是惬意。让我不禁想要偷笑，他还不知道困难已经在前方等着了吧，他真的可以坦然直面一会儿的停车压力吗？我们回到了车上，他开车前往一座雄伟的现代水泥综合体，之后非常挑衅地把车停在了一个违停点。这栋大楼是科恩普鲁斯特引以为傲的克莱蒙费朗地球环境观测中心的第三个、也是最新的家。

这座观测中心的历史可以追溯到文艺复兴时期的塔楼，再到后来的莱斯兰迪斯的大楼，直至眼下的这座水泥巨兽。在所有曾在法国生活过的物理学家中，只有担任过地球环境观测中心主任的科恩普鲁斯特和白吕纳，称得上是推动地球环境监测越来越现代化的精神向导。

这种缘分让科恩普鲁斯特有一种使命感，要让全世界，至少要让克莱蒙费朗观测台的学生和工作人员铭记白吕纳。这无疑是一个漫长而艰难的过程，因为关于科学的记忆通常都是精确而海量的，因此需要做大量的考证。科恩普鲁斯特指向了大楼前一块让人肃然起敬的纪念碑，正是他在 EOS 中提到过的纪念碑。这块纪念碑由耀眼的绿松石色珐琅熔岩制成，估计只有火山学家和古地磁学家才懂得这些熔岩的意义。上面用醒目的白色浮雕文字纪念着白吕纳的百年诞辰，文字旁边是白吕纳的侧面肖像。

白吕纳身材修长，留着精心修剪的尖头胡须，脖子细长，穿着挺括的高领外套，类似于 19 世纪末的风格。这个纪念碑和楼里另外一块刻有相同白吕纳肖像的牌匾，是法国迄今为止仅有的两个正式的白吕纳纪念碑。尽管科恩普鲁斯特已经尽了最大的努力，但对于公众而言，白吕纳仍然是一个被遗忘的物理学家。

科恩普鲁斯特兴高采烈地指向纪念碑右下角的一个指南针。这个指南针一共有四个箭头，分别指向地球的东西南北。东西方的箭头和普通的造型并无两样，但南北方向的两个箭头却互换了位置。这其实故意暗示了被白吕纳发现却鲜为人知的一个现代科学真理：今天的地理北极实际上是地磁南极。在磁性命名法中，磁场的发出极是它的北极，接收极则是南极。今天，地球表面的磁场正是来自于我们所谓的南极，地磁的北极。

在人类试图解开磁力奥秘的过程中，这些磁极其实与我们想象中的地球南北极的方向是相反的。

第四章　让铁动起来的物质

磁性的奥秘最终关乎到地球本身及其物种诞生的奥秘，因此历史上这个问题的很多新发现常常站在宗教正统观点的对立面，而白吕纳的发现在当时也挑战了科学的权威。当这些科学家们发现他们不得不质疑基督教教义和当时的正统思想时，他们将自己的声誉、工作、自由甚至是生命都置之度外，大胆捍卫了真理，并借助于和当时主流观点相悖的想象力探索磁性的奥秘。

磁铁这个名词可以追溯到古代的文化作品中。古希腊诗人荷马在公元前 8 世纪曾写下著名史诗《伊利亚特》和《奥德赛》，这些史诗都是根据吟游诗人在字母表还未诞生之时讲述的故事编写而成，荷马在史诗中描写了神话中的英雄马格尼斯，他是希腊主神宙斯众多的儿子之一，也是希腊中部色萨利地区的国王。后来，他的王国便以他和他臣民的名字命名为马格尼西亚（Magnesia），马格尼西亚一种常见的矿物被称作 magnetite（磁铁矿），同样以马格尼西亚人民、他们的土地和国王命名。

磁铁矿，铁矿石的一种，是自然界中一种广泛存在的永久磁铁，其分子中有足够的未配对自旋电子在同一个方向形成队列以保持其强大的磁场。人们把磁铁矿也叫做磁石，几个世纪以来，

这个词已经悄悄进入了文学领域，作为一个人具有气场和吸引力的隐喻。现代研究表明，希腊的色萨利是稀有的纯磁铁矿化合物的故乡，这意味着这里有大量天然磁铁[1]。

罗马作家老普林尼在他的第一部百科全书《博物志》（又译《自然史》）中讲述了另一个磁铁由来的版本，一名叫马格尼斯的牧羊人发现他鞋子里的金属在小亚细亚或克里特岛的一座山上会被一些石头吸住，于是他的名字成为了这种"让铁动起来的物质"[2]的名称。

但铁为什么会动起来？正如历史学家A. R. T. 琼克的编年史所记载的[3]，早期的西方哲学家主要有两种观点。一种观点认为，这种吸引是生物性的，是因为彼此具有生物一般的亲和力；而另一种观点则认为这种吸引力是机械性的，是由实际的粒子或挥发物的运动造成的。

公元前6世纪米利都的泰勒斯（Thales）认为磁铁吸引是生物性的，他被认为是西方第一位哲学家、数学家和天文学家。通过观测泰勒斯发现了小熊星座，并准确预测了公元前585年5月28日的日食[4]。他的学说能够流传至今，主要依靠亚里士多德和其他哲学家的传诵。他被誉为现代人类世界观的奠基人，而他能够做出这些成就，所依靠的不是曾经的教条，而是以钢铁般意志所做出的持之以恒的细致观察。

除了他的哲学思想外，泰勒斯还是一个非常务实的人。他所居住的米利都城位于现在土耳其的沿海，曾经是希腊的殖民地。米利都的那些有钱的邻居常常嘲笑他家徒四壁却醉心于无用的科学研究，泰勒斯偶尔也会戏弄一下这些邻居。泰勒斯根据有一年冬天的天气，判断第二年的秋天橄榄一定会丰收，他便提前筹资，以非常便宜的价格租了城里所有的橄榄压榨机。等到第二年秋天橄榄成熟时，他再把这些机器转租出去并获得了丰厚的利润。

根据亚里士多德的说法，泰勒斯的创新在于提出了磁铁是有灵魂的，并认为这也是磁铁可以使铁移动的原因。这大胆驳斥了当时盛行的"众神创造万物"这一思想，也挑战了"物质和人都是众神的棋子"这种世界观。在泰勒斯看来人们应该通过观察去了解世界，然后提出理论并验证它们，而这正是现代科学的基础。泰勒斯有没有因此受到惩罚无据可考，不过其中两条线索表明他应该没有被惩罚。据说，他是晚年在一次体育比赛中突然倒下猝死的，而不是被监禁或流放致死；他的学院也维持了很长时间，培养出了许多其他具有创新思想的哲学家。

阿克拉格斯的恩培多克勒（Empedocles），则与泰勒斯观点相反，他支持机械吸引力。他生活在公元前 5 世纪西西里岛，是一位哲学家，性格张扬，喜欢穿青铜凉鞋[5]。他认为铁可以从其"毛孔"中释放出蒸汽，蒸汽被磁石吸引，随之把铁也拖向磁石的方向。在接下来的几个世纪中，这种对磁力的物理解释在哲学家中一代代传承，在每次的传承中都会有些细微的改变。到了公元前 4 世纪，德谟克利特（Democritus）开始从理论上思考"原子"之间究竟是如何让物质连接在一起的，这种连接方式究竟类似于球和球座还是类似于钮钩和钮环。他认为，正是由于无数极微小的铁粒子被磁石吸引，才使得铁和磁石相连。一个世纪后，伊壁鸠鲁（Epicurus）将磁力归因于神秘而完美的环形连接[6]。

在公元前 1 世纪写过《物性论》的罗马人卢克莱修（Lucretius）

也持有机械论的观点。他唯一知名的作品就是这部采用荷马和维吉尔所推广的抑扬六步格所写成的 7400 行长诗。他在这部作品中扩展了德谟克利特对原子的革命性理解，卢克莱修认为宇宙中的一切，包括人类，都是由微小的原子组成，不仅如此，他还阐述了宇宙及其生物随时间推移而进化的思想。这比泰勒斯的思想又更进了一步，这已经完全否定了众神创造世界的观念。在这部令人惊叹的作品中，卢克莱修将天然磁石描述为"引人入胜的石头"，维多利亚时代的学者是这么翻译的[7]。他认为，在铁和磁石之间流动的空气形成了真空，是真空将两者结合在一起的。

卢克莱修对磁石的理解谈不上全面，但一定是诗化和抒情的。他的作品曾经被长期遗忘在欧洲修道院发霉的手稿堆中，直到 15 世纪才重见天日。被再次发现时，它还是极具煽动性的，它最终影响了一批世界上最具革命性的现代科学思想家，包括伽利略·伽利雷、查尔斯·达尔文和阿尔伯特·爱因斯坦[8]。

不过对于一些早期的磁学理论家来说，磁铁和地球的诞生及其未来或众神的排位无关。他们在意识形态上没有争议，他们认为磁铁就是一种新奇的玩意或者工具。在公元前 5 世纪至公元前 4 世纪西方医学的奠基人希波克拉底认为，将一块磁铁（一整块或研成粉）直接绑在身上，可以止血。后来磁铁的这种作用又被演变成了一种纯粹的魔法。到了公元 4 世纪，一首关于各种石头作用的诗，写到磁铁可以促进激情的产生，无论是人还是神。换句话说，它就是开启欲望之门的钥匙。

磁铁作为导航工具的历史也非常久远，在公元纪年之前的几个世纪，中国已经开始使用磁铁制作各种各样精密的罗盘了。中国人将磁铁称为"爱之石"，大概是出于同样的原因，法国人也称磁铁为"爱人"。在《南极北极》中，物理学家兼磁学历史学家吉莉安·特纳[9]描述过一种仪器的模型。这种仪器很可能是中国古代堪舆学中根据风水来帮助村落选址的罗盘。它有一个磁铁勺，勺子放在代表天空的青铜或木制的圆盘上。勺子（星座）和圆盘（天空）又被放在外层的一个象征地球的方盘上，勺子的柄指向北方。让人感到奇怪的是，中国人似乎一直使用南方作为主要参考方向，而不是北方。

特纳写道，到了12世纪初，智慧的中国人已经能够用磁铁摩擦铁针制作导航用的罗盘，这种技术已经非常出色了。通过摩擦迫使铁针的不成对电子暂时朝向同一方向排列，并将磁化的针头悬挂在丝线上或以其他方式让它们指向南北，这是当时西方世界尚未完成的壮举。西方世界直到几十年后，当水手把带磁的铁针用于指南针时，这种技术才得以完善，而这些水手则被称为"引航员"。

皮埃尔·德·马利柯尔特（Pierre Pèlern de Maricourt），也被后人称作佩雷格里鲁斯，被誉为现代磁学之父，甚至有人认为他可以被称为现代科学研究之父。佩雷格里鲁斯是13世纪法国的工程师兼科学家，出生在皮卡第的一个骑士家庭。皮卡第地区风景迷人，是法国北部以盛产香槟酒而闻名的区域的统称。他的早年生活没有任何记录，但他在1269年8月8日写给朋友的3500字的书信却深深烙印在了科学史上，其中有几个副本保存至今。这是一篇用拉丁文写成的信件，拉丁文在那个时代是学者和上流社会的语言，信中包含了科学史上的第一批磁学实验结果。

佩雷格里鲁斯是一个能工巧匠，擅长机械建造，在当时新的巴黎大学接受教育。他的绰号"佩雷格里鲁斯"，拉丁文的字面意思就是"朝圣者"，暗示他是十字军骑士。

佩雷格里鲁斯在为安茹的查理（查理一世）效力时，写下了这封信。查理当时正在意大利山坡小镇卢切拉——中世纪地缘政治上的重要据点[10]——抗击当地穆斯林居民。查理是法兰西国王路易九世的弟弟，也是中世纪最雄心勃勃的欧洲贵族之一。在战争年代，这是一个相当显赫的背景。佩雷格里鲁斯利用他的知识帮助查理的军队长期围攻卢切拉，在法国人的营地周围建造防御工事，埋设陷阱，监督制造用来投掷火把和石头的投石机之类的攻城机械，攻打这座防御森严的城市。

佩雷格里鲁斯显然有大把闲暇时间，在战争时期，他开始思考古希腊数学家阿基米德的理论。公元前 3 世纪，阿基米德用青铜做出了一个巧妙的三维日地系统模型。佩雷格里鲁斯开始好奇，如果其中的球体一直运动下去会怎样，他在脑海中想象了一台我们今天所谓的永动机。那是他最初开始思考有关磁铁问题的契机。如果可以回到过去，你会在意大利 8 月的炎热天气下，在士兵的营地中找到他，宇宙的谜题分散了他对战争的注意力。之后，他便设计实验来验证磁铁是否可以实现他的设想。

今天，我们很难将这种研究行为与他所生活的中世纪联系起来。那个时代的印刷书籍尚未出现，纸张也并不常见。所有的档案，包括关于查理其他的一些战争记录，都是用精心刮削过的羊皮纸制作的手抄本书写而成。手稿上明艳的红色来自对炼金术主要原料汞或硫之类物质的加热。蓝色则来自青金石的粉末，青金石需要通过骆驼从千里之外的中东运到欧洲，然后磨成细小的粉末，再用生鸡蛋或者哺乳动物的皮熬制的凝胶粘合在羊皮纸上。虽然希腊和罗马的建筑师及艺术家可能已经掌握了直线透视法，但在佩雷格里鲁斯的时代，图像依然处于平面图形状态。人们发现用于艺术创作的这些原材料有毒，那是几个世纪之后的事情了。

当时全球一共只有十几所大学。巴黎大学，后来又被称为索邦大学，才成立了一个世纪多一点。曾经被人们遗忘的亚里士多德和柏拉图的作品在这片土地上开始重新兴起，出于对教育和文化的兴趣，一些学者一直追溯到了 1095 年的第一次十字军东征。那次和以后的十字军东征为欧洲人重新引入了希腊和伊斯兰世界的知识与奥秘，所以当古希腊哲学家作品的拉丁文译本第一次出现时，最好的中世纪思想让他们茅塞顿开，引领他们去探索世界的奥秘。

但在那个时代，科学是哲学，不是观察；是思想，而非实验。《圣经》是当时最重要的著作，我们现在的物理学、化学、地质学和生物学的学科都在《圣经》的统筹之下。《圣经》说的即是真理，因为这是上帝的旨意。梵蒂冈教廷对《圣经》的解释是权威而不容置疑的，即使科学观察似乎与其解释相矛盾，人们也应该相信《圣经》上的内容。当时佩雷格里鲁斯的工作就是利用亚里士多德的科学理论来支持基督教的信仰。

很显然，佩雷格里鲁斯知道他正在进行一些有争议的事情。当时大多数人都认为磁力是一种稍纵即逝的魔法：时而出现，时而消失，是一种不牢靠的力量。也有人认为这是一种令人不安的、禁忌的类似于性的吸引力，会导致一件物品不可抗拒地被吸引到另一件物品上，让人无法抵挡或控制，就像情难自禁的性行为一样，都是魔鬼在作祟。所以磁力是宇宙的一个基本现象这一思想在当时是不能被公众所接受的。

"揭示这块石头隐藏特质的过程就像雕塑家创作出雕像和印章的过程。"佩雷格里鲁斯在写给他朋友的信里提道，"虽然我认为你所好奇的这些事情其实是显而易见的，其价值也是不可估量的，但普通民众依然认为它们只是幻想，是凭空想象出来的东西。"

佩雷格里鲁斯所谓的隐藏的特质指的是什么呢？其实就是磁铁有两极，佩雷格里鲁斯是第一个发现磁铁有两极的人，他也是为数不多的注意到磁铁既能相互排斥也能相互吸引的早期研究人员之一。但对佩雷格里鲁斯而言，磁极的概念并不包含运动或场的概念。他无法想象原子阵列中不成对的自旋电子。因此他的解释是，磁铁本身就是天空的复制品，它的南北极就是天空上的北极星和南极十字星座的，所以磁铁可以指向地理的极点，与地球的轴线平行。他把这个称为水手的向导，因为水手已经熟练使用它们导航长达数百年了。

佩雷格里鲁斯曾经告诉过他的朋友他是如何发现磁石磁极，这都归结为他做的那个令人震惊的实验。在 1269 年夏天，军队包围卢切拉的时候，他写道，首先把磁石放在一个圆形小木碗里，然后将那个木碗放在一个装满水的大容器里，木碗将会浮在水面上。石头的北极将指向天空的北极，石头的南极将指向天空的南极。"即使石头被挪动了 1000 次，它也将返回到之前的状态 1000 次，就像天生的本能一样。"

时至今日，一代又一代的学生们还在进行着佩雷格里鲁斯当年所做的实验。他们在磁铁上用力摩擦一根针，让针中铁成分中的未配对的外层自旋电子暂时地与磁铁的磁极保持一致，然后将针放在一碗水中的软木塞或一块肥皂上。之后就可以观察到针一端指向南，一端指向北。

佩雷格里鲁斯在何时何地以及如何进行实验的细节并未流传下来，但有一些线索可以帮助我们重现当时的场景。在第二次世界大战期间，英国对意大利卢切拉地区的空中侦察照片揭示了安茹的查理围攻卢切拉时期以及早期罗马和新石器时代当地定居点的遗址，随后的考古发掘[11]了当时卢切拉城外确实存在过军营的证据。发现的陶器包括大型釉面圆盘，这些圆盘底部一圈被涂成绿色、黄色或棕色，通常在圆盘中心还有一个生动的彩绘，一般是哺乳动物、鸟类、鱼类或人类，大小完全可以装得下一个里面放有磁石的小木碗。据关于查理军事行动的记载，那时的将士下巴上的胡须都修剪得非常仔细，前额上垂着高高的刘海，头发一直垂过下巴，在齐肩的位置修剪得平平整整；战斗中，他们穿着制作精良的锁子甲来保护头部和脖子，头盔是圆形的。当时军队中地位最高的男人，可能包括佩雷格里鲁斯，穿着色彩华丽的衣服，长度到小腿中部，腰间束皮带，佩带配剑。在这个时期弩也是常用的，用不起剑或弩的士兵则随身携带锄头或十字镐参战。13 世纪的军事交战主要以骑兵交战为主，所以马、蹄铁工和铁匠在当时的军营里随处可见。佩雷格里鲁斯是如何在这样一个环境嘈杂、汗臭弥漫的军营中抽出时间和精力进行他的科学研究的呢？

1269 年，就在佩雷格里鲁斯快要写完那封关于磁力的信的

时候，安茹的查理厌倦了一年多来苦苦等待卢切拉居民投降的日子，他下令切断卢切拉居民的粮食供应，确保城镇周围 30 英里半径内没有动物和其他食物来源。其实，在佩雷格里鲁斯提笔写那封信的一个月以前，安茹的查理已经开始了全面的征兵，并加强了他的军备，增订了 1000 把长枪，其中 500 把拨给了骑兵，另外 500 把拨给了步兵。他雇了 100 名木匠，还有砖瓦匠和筑墙工，下令全军用麻绳、麂皮、铁和磨刀石来打磨武器。当佩雷格里鲁斯于 8 月 8 日写完信时，卢切拉的居民已经饿到以草充饥的地步了，8 月底被迫投降，3000 人被屠杀。安茹的查理后来吹嘘说，在卢切拉的居民被屠杀之前，他们已经趴在地上向自己臣服。

佩雷格里鲁斯没有提到这些事情。也许他在乱七八糟的帐篷里所进行的磁学实验已经搞得他焦头烂额，可惜的是，这些实验过程的细节都遗失在历史长河里了。

我们都知道佩雷格里鲁斯并没有停止最基础的实验。他发现，即使将磁石不断的一分为二，每一块又变成了也有着南北两极的新的磁铁。从逻辑上来讲，如果你将磁铁切成两半，那么在上半截保留其中的一个磁极，下半截则保留其中的另外一个磁极。但事实并非如此，无论你将磁铁切割成多少份，每一份都仍有两个对应的磁极。

他的实验还表明，磁铁的北极能够吸引南极并排斥其他北极，南极能够吸引北极并排斥其他南极。这在当时是一个革命性的发现。之后他利用他的发现创造了欧洲圆形罗盘的早期版本，一个被 360 度的圆形物体围绕的磁化针，这个罗盘可以用来确定任何一个人在世界上的位置。

　　以上所有的发现都如此新奇，令人震惊，但佩雷格里鲁斯的最大发现还是每块磁石都带有所谓的自然本能。这意味着磁石的磁力不是短暂的，而是持续的。在佩雷格里鲁斯的理解中，它与恒星的力是不可分割地联系在一起的。即使他的能力还不足以窥探地球内部的秘密，了解产生磁性的原力，大胆地设想这些原力可以逆转磁力的流向，但无疑，他是证明磁力存在的第一人。磁力就存在于我们周围，它看不见，摸不着，也躲不掉。

第五章　纸上的革命

20 世纪 50 年代后期，科恩普鲁斯特在巴黎的索邦大学读研究生期间，他的教授们经常嘲讽两个理论——大陆漂移和地磁反转。"今天，这两种理论都是地质学的真理"，在克莱蒙费朗附近的布赛纽禾（Boisséjour）镇上，科恩普鲁斯特一边对我说，一边伸长脖子示意我注意雪铁龙经销店后面的一座小山。

这座山曾是白吕纳科学遗产的另一重要组成部分。在担任克莱蒙费朗气象台的主任职位后不久，白吕纳读了当时的三篇科学论文，这些论文非常关键，开启了他对于地磁倒转奥秘的探索历程。和他同时期的其他科学家一样，白吕纳知道磁场是多变的，由三个要素组成：磁偏角、磁倾角和磁场强度。（今天，它们被整合成和其他矢量一致的方向和强度两个物理量，但是在几乎所有高质量的地图上仍然会发现磁偏角这个参数。）这三个磁坐标可以描述地球上的任何点的磁场情况。它比典型的二维地理测绘坐标纬度和经度更复杂，而且磁坐标还会随时间发生轻微变化。

磁偏角是一个显而易见的物理量，指南针沿磁力线汇合的方向指向磁极。但在 11 世纪初期，中国科学家沈括就意识到指南针指向的点与地球的地理极点并不一致[1]。例如，北极星对应的

34

方向即为地理上的北极，但指南针并不完全指向这个点。沈括在1088 年编写的《梦溪笔谈》中描述了磁偏角的存在。15 世纪初[2]，欧洲的海员也发现了这个差异。地理极点和地磁极点之间的夹角就称为磁偏角。按照惯例，如果在地理北极偏东的位置，磁偏角则是正的；如果在偏西的位置，磁偏角则是负的。磁偏角的值会根据人在地球上的位置而变化，但如果保持位置不变，它也会随时间的推移而变化。不仅磁极本身在移动，而且指南针响应的磁力线也会移动。但这是违反人直觉的。相信你对这样的实验一定不陌生：把一张白纸放在一块磁铁上面，然后往白纸上撒一些铁屑，你会发现铁屑将沿着磁铁的磁力线方向排列，精确度令人不可思议，然后在两极汇合。但是地球的磁力线则不像白纸上的磁力线那样整齐而光滑，它们四处延展，容易发生扭曲变形。几百年来，人们获得的磁偏角数据一直处在变化当中。例如，现代重建[3] 表明 1653 年伦敦的磁偏角是正的，而到了 1669 年，它就变成了负的，之后的时间里它继续保持不断地变化，到了 2018 年，又处在了正的数值上。

　　磁倾角的发现在磁偏角之后。1576 年在英格兰，人们开始进行零星的测量。1581 年，伊丽莎白时期的水手罗伯特·诺曼在《新吸引力》（*The Newe Attractive*）中提出磁倾角，该书出版后获得了社会广泛关注。在海上度过了几十年的时光之后，诺曼成为伦敦的航海仪器制造大师。他在磁倾角方面的革命性工作源于多年来海上指南针的实验。他发现，如果磁针在一定范围内自由移动并将其指向水平位置，它将被地球的磁场向上或向下拉动，这取决于人与地磁赤道的相对位置。例如，在伦敦，诺曼测量出的磁倾角是 71 度 50 分 [4]。而在赤道，它根本没有倾斜，保持水平。在我们今天的北极，它将直指向下，在南极直指向上。

万物变化之巨大，意味着地球磁场是一个巨大的实体，并似乎按照自身不可捉摸的节奏做着运动。因此 19 世纪的科学家们决心破解地球磁场的奥秘，其中的一个目标就是测量磁场随时间的区域性变化规律，并重建几个世纪以来地球的磁场变化总图，而这就是白吕纳进入地磁学历史舞台中央的时代背景。

有三篇重要的论文对白吕纳影响颇深。第一篇是意大利物理学家马塞多尼奥·梅洛尼（Macedonio Melloni）所写。他于 1848 年在那不勒斯郊外建立了维苏威火山观测站，那一年，革命的火焰正在欧洲各大城市肆虐。该气象观测站的设立部分目的是为了监测维苏威火山的活动，该火山于公元 79 年爆发，摧毁了庞贝城和赫库兰尼姆的罗马人定居点，导致上千人死亡。如今，维苏威火山是欧洲唯一的活火山。从观测站的选址，到外观的设计，再到仪器的挑选都是梅洛尼亲力亲为。但在观测站开始运行几个月后，梅洛尼便被解雇，甚至差点被逐出那不勒斯。因对那不勒斯国王费迪南德二世不满，民众发动起义。不久，在一次对知识分子的大规模驱逐行动中梅洛尼被捕。最近在那不勒斯国家档案馆发现的一封军事信件披露 [5]，政治领导人认为梅洛尼属于"政治不安定分子"，他与一些欧洲极端自由主义思想家和政治激进分子关系密切，其中包括著名英国科学家、物理学家迈克尔·法拉第。

这并非梅洛尼科学之路经历的第一次苦难。在他职业生涯早期，他曾因为发现了光和热之间的联系遭到巴黎科学界责难。直到1834年，之前的发现才被伦敦方面认可，梅洛尼才被视为欧洲最著名的物理学家之一。

在被维苏威火山观测站作为一名激进的自由主义者驱逐后，他来到了那不勒斯郊外的波蒂奇，并重燃了自己早年对测量意大利和冰岛火山岩磁性的兴趣。梅洛尼开发了一个简单的类似于中国早期指南针的仪器：这是一对长九厘米的针，磁化后用丝线将其中一个磁化针悬挂在另一个之上。当他把一块熔岩靠近上面那根针的时候，就可以观测下面那根针是否也被熔岩吸引而使其方向发生了偏转，以及偏转的角度。

梅洛尼发现所有用于实验的熔岩都使磁针偏移了。因此，他提出了一个大胆的猜想：熔岩在冷却的同时捕获了当时它所处位置的精确磁坐标，也就是说意大利的熔岩与玻利维亚的熔岩的磁坐标是不同的。我们可以这样认为，熔岩内的电子拥有一种磁记忆，而这就像是一种磁性指纹，可以帮助我们识别它们所处位置的磁场三要素。

相比于简单发现熔岩可以记录磁坐标，梅洛尼显然走得更远。他在实验室里加热熔岩直至通红灼热，直到它们失去原有的磁记忆；等它们冷却时，便又获得了一个新的磁记忆。梅洛尼研究中的不足在于他没有系统确定一批熔岩是否在其流动中显示出了相同的磁场定向。他的研究结果非常出色，但还不成定论。尤为可惜的是1854年他在意大利南部的霍乱疫情中不幸去世，研究也戛然而止了。

到了1899年，朱塞佩·福尔盖赖特（Giuseppe Folgheraiter）

在梅洛尼的研究结果上继续提炼。这是白吕纳读到的第二篇关键论文。在罗马的时候，福尔盖赖特考察了古希腊、罗马和意大利半岛的伊特鲁里亚文明中的陶器，发现虽然经过了几个世纪，这些陶器的磁场方向依然很强。他推测它们很可能一直保持着烧制时获得的磁场信息。

第三篇重要的论文就是法国物理学家皮埃尔·居里（Pierre Curie）与他的妻子玛丽·居里（Marie Curie）和亨利·贝克勒（Henri Becquerel）就放射性物质的研究而获得诺贝尔奖的那篇论文。皮埃尔·居里 1895 年发现，任何加热到足够高温度的固体都会失去其磁性。温度可能高达几百度，具体依材料本身的特性而定。简而言之，不成对的电子会受到热量的激发，乱了队形，不再按照同一方向排列。在某些相对稀有的材料如陶土和熔岩中，当原子冷却时，它们的不成对电子又再次在一个场中排成一行，呈现出它们当时所处的磁场的坐标。物质加热到一定程度失去磁性的温度点，后来被称为居里点，这在今天已是无可争议的物理定律。

几年后，白吕纳坐在拉巴内斯观测台，将这些智慧的碎片拼在一起。坐落在法国中部克莱蒙费朗周围的一串古老火山遗址便是他完成此任务的理想地点。显然，这些地方都曾有过灼热的熔岩，有的还有天然陶土分布在沉积层中。这些陶土含有铁基分子，福尔盖赖特曾表明这些陶土可以保留冷却时的磁性特征。科恩普鲁斯特向我解释到，白吕纳需要的是一块被熔岩浇筑后未受干扰的赤陶土。一般来说，这样的赤陶土很难找到，但幸运的是在克莱蒙费朗附近的布赛纽禾镇恰好就有一些这样的地方。那里的格朗韦卢尔（Gravenoire）火山在 6 万年前曾经爆发，于是他去那里采集了一些样品，很有可能是骑着驴子去的。

　　一位汽车销售员出来探询科恩普鲁斯特在做什么。科恩普鲁斯特向他解释，他正在追溯一位著名的法国物理学家的脚步，一个世纪前这位伟大的法国人从这座山上取下了一小块样本回去研究。销售员听后耸了耸肩就回了店里。虽然在最后，白吕纳从布赛纽禾镇取到的陶土块并没有带来更多的线索。但是，在这里，真理的大门已经向他缓缓打开，他比以往任何时候都更加坚定地想要寻找更多的证据，他已经开始着手寻找一个更好的火山遗址。

第六章　地球的磁性灵魂

　　和许多曾研究过磁性的人一样，威廉·吉尔伯特（William Gilbert）也是在业余时间里从事这些事。他原本是一位颇有成就的医生，1600 年发表科学巨著《论磁》（*De Magnete*）时，他正处于事业的巅峰期。那一年，他是英国女王伊丽莎白一世的御医，尽管彼时，女王正走向生命的尽头。

　　磁学理论从 13 世纪开始已经走过了很长的路，佩雷格里鲁斯那时已经明确提出了他的观点，即磁铁是完美天球的复制品，有自身的北极和南极。在佩雷格里鲁斯的理解中，那些天球是完美的，不可改变的，磁铁也是如此。在他之后的几个世纪里，有些数学家受到罗盘奇怪读数变化的困扰，于是提出地球的磁力不是来自天体而是来自陆地[1]。这种伟大的猜想是想象力的一次飞跃。它意味着地球不是任何其他一种事物的简单复制，而是有着其本身独一无二的特质。这个神秘的磁力会不会是来自一座磁石山或磁石岛？或是存在于北极的某个地方？

　　在吉尔伯特的时代，人们有充分的理由去重新关注磁力。对于佩雷格里鲁斯来说，解析磁铁只是出于知识分子的好奇心。但在吉尔伯特开始考虑磁铁的问题时，它已经成为一个迫在眉睫的现实问题。

　　大航海时代已经开始，随之而来的国际贸易、海上战争以及远离欧洲大陆的殖民，都意味着需要穿越辽阔的海洋。仅仅通过密切关注海岸线或海洋底部的声音，已经不足以让海员驾驭一艘远洋帆船。这意味着他们需要更多地依赖指南针。然而，正如水手们发现的那样，指南针在海上变幻无常，磁偏角不但会随位置还会随时间发生变化。那些试图解释这些差异的人往往习惯于将问题归咎于粗制滥造的仪器、粗心的舵手、起伏的海浪，甚至指责海员呼吸中大蒜气味影响了指南针的精度或罗盘内的磁铁。但无论出于什么原因，在引航员一生的航行路线中，航海图可能会不断发生变化，以致与最初的航海图看起来大相径庭。航海家的生命、财富和声誉都取决于他们是否了解船舶的航线和位置。描述一个位置的基本方法就是地理坐标经度和纬度，但事实证明，这在大海之中并不那么容易实现。

　　相比较而言，这两者之中最大的难题是经度[2]，纬度的确定相对容易。纬线是一组概念上的平行线，围绕着地球向东和向西延伸，从不相交，将地球分为两半的那条纬线就是赤道，因此可以用它作自然参考点。海上航行时，可以把太阳和星星做向导，使用星盘、象限仪或六分仪等仪器，非常准确地找到所在的纬度。只要足够细心，在不考虑岛屿阻碍的情况下，人们可以沿着一个纬度直接穿越大洋。

　　而所有的经线都是围绕着地球的南北朝向的圆圈，它们在极点相交，每个圆圈都将地球划分为相等的两半。哪个圆圈是作为基准的本初子午线呢？由于地球的两极略微扁平，除了在极点地区纬线之间的间隔更远一点，每条纬线之间的间隔都是相等的。因此，纬度的每 1 分都是 1 海里。60 分，即 1 度，是 60 海里或 68 英里或 110 公里 [3]。但经线间的间隔是不同的，这取决于你在地球上的位置。在赤道上，1 分的经度与 1 分的纬度相同，即 1 海里。在经线汇合的极点处，它的距离则为 0。

由于地球每天以相同的速率自转 [4]，因此航行时经度的变化表示距离和时间的变化。地球是一个每天旋转 360 度的球体，这意味着它每小时转 15 度。假设知道出发港口的经度和当地时间，并且知道船舶目前所处位置的时间，就可以知道每天跨越的经度是多少。如果也知道所处的纬度，便可以知道走了多少公里或海里 [5]。在那些岁月，水手们不仅要有出色的数学和几何能力，还必须能夜观星象。

但问题在于那个时代的钟表是通过钟摆来保持时间间隔的，因此它们无法在移动的船上准确地实现计时功能。在长达四个世纪的时间长河中，这都是一个难以解决的问题，困扰着欧洲的那些最强大脑。因此，航海家和科学家们只能改变思路，试图使用天体来实现更加可靠的导航，而这意味着需要识别指向地理极点的恒星与指向磁极的指南针之间的差异。对他们来说，这意味着找到本初子午线。他们认为，在相同纬度环游世界的人在进行磁偏角测量时会在地球两侧找到相对应的两个点，偏角为 0 [6]，而两点之间处于相同纬度的中间点，磁偏角应为 90 度。换句话说，如果知道主要的纵向子午线并可以正确地读取磁偏角，那么应该能够计算出经度，至少在理论上如此。虽然后来事实证明，该原则的基本假设就是个错误，即地球磁力线并不是线性规律分布的；地球的磁力线仿佛橡皮筋一样，从北极到南极伸展和扭曲，完全不是直线。

因此他们认为，即使缺乏本初子午线，只要能对世界各地磁偏角做一个全面的测量，就能够算出对应的经度，而所有这一切都需要全球范围内大量的磁测数据，严密的数学计算和高质量的地图。于是，计算精度公式的比赛正式开始了。

吉尔伯特在 16 世纪 80 年代开始他的磁学研究的时候[7]，也是威廉·莎士比亚在伦敦刚刚开始他剧作家职业生涯的时候。虽然那时各种各样的测量已经进行了很多年，但问题是，数据越多，情况越复杂。这恰好是吉尔伯特的一次完美的机遇，他强烈否定了古希腊哲学家亚里士多德的学说。在那个时代，亚里士多德的思想在包括剑桥大学等大学中占据主导地位，而吉尔伯特就是在这样的氛围里学习的。亚里士多德（去世于公元前 322 年）的理论认为，地球是一个完美天球的中心，是固守不变的。地球上的物质是由水、气、火、土四种基本元素组成的。相比之下，围绕太阳旋转的天体是由一种更高级的物质，第五种元素"以太"构成的。这些天体与枯燥的地球不同，具有灵魂甚至是超自然的智慧。

吉尔伯特查阅过佩雷格里鲁斯的资料并了解其所做的磁铁实验。他冒出一个大胆的想法，如果进行更多复杂的实验，就可以对世界上发生的事情进行更细致的观察。这与当时的主流理论相悖，当时主流认为如果了解亚里士多德，就了解有关世界的一切；不需要观察周围的世界，只需要在古代文献中阅读它即可。在当时，经验主义就是异端邪说。

同时，民间关于磁铁具有超自然力量的说法已经延续了好几个世纪。例如，在犯通奸罪的女人的枕头下放磁石，就会让她回心转意回到丈夫身边。吉尔伯特强烈反对这种说法，认为磁铁既不能使一个女人更喜欢她的丈夫，也不会使人变得忧郁或是能说会道；磁铁更无法治愈刺伤，雄鹿的血液不能恢复弱磁铁的强度，黄昏也不会让磁铁的磁力消失。吉尔伯特提出，唯一的办法就是通过实验去探索磁性的奥秘。

于是，他卷起袖子走向实验室，致力于开发一个微缩地球模型，他称其为"特雷拉"（terrellae），拉丁语意为"小地球"之意。它可以再现那些地球上可观测的物理现象。这个模型是一个被磁化的球体，很可能就是由磁铁矿制成的地球仪，有两极、赤道，甚至是山川地貌。牛津大学的科学历史学家艾伦·查普曼指出，在今天制作模型进行实验的想法是许多科学实践的精髓，但在伊丽莎白时代，这简直称得上耸人听闻[8]。

情况确实是糟透了。在吉尔伯特的时代，制作一个地球模型，观测和试验磁场在其不同部分的受力方式，其实就是在驳斥亚里士多德关于地球永恒不变的观点。但在这件事情上，吉尔伯特不止于此。他精心设计的实验使他确信，地球本身，也就是"我们的共同母亲"，本身就是一块巨大的磁铁。其磁力的源泉来自星球的核心，而不是天空或地球表面。他认为地球作为一个大磁铁创造了一种无形的、永久的力，穿过整个地球，被富含铁质的陆地等不规则的物质所干扰。吉尔伯特断言，地球不仅像天体一样有灵魂，它的灵魂还是磁性的。地球并非不活跃，它可以吸引，可以排斥，它充满力量，有着势不可挡而又无法想象的策略。

　　这绝对是一个崭新的说法。磁铁的活力来源从天空转移到地球，又转移到地球内部。尽管佩雷格里鲁斯在三个世纪之前曾写过磁铁的"天生本能"，暗示它是一个恒定的属性，但吉尔伯特明确指出了整个地球本身都带有这种基本能力，这种力与地球的核心密不可分。这在科学史上的影响是惊人的。吉尔伯特意识到自己是一名先驱，是一名探索地球未知秘密的侦探，"这些秘密或者由于古人的无知，或者由于现代人的忽视，而未被发现或者被忽略掉了。"他在自己的著作上第一次写道，他正在进入"地球最核心的部分"。

　　吉尔伯特对亚里士多德将地球视为低等存在的愤怒在他的著作中表露无遗：

> 　　地球是美妙的，为什么只有地球受到他和他的追随者的谴责（因为毫无意义，死气沉沉），被驱逐出完美宇宙？在整个宇宙中，它就是一个小球而已，和其他众多星球相比，它是那么的卑微，它被无视，不受尊重……它就是亚里士多德宇宙中的怪物，这个宇宙中的一切都是完美的、充满活力的，而只有地球是不幸的、微不足道的、不完美的、死气沉沉的、颓废堕落的。

　　吉尔伯特充分展示了他对研究课题的热爱。他把磁力视为一种赋予了地球灵魂的高贵事物，就像人类的灵魂对身体的意义一样。在《论磁》第六卷第一章，他用相当晦涩难懂的拉丁语比较了电力与磁力，主要论点是若要推翻电的存在，必先窥探其究竟。

吉尔伯特思索琥珀和煤玉经过摩擦后会吸引稻草或谷壳的现象，这个现象在今天被我们称为静电。事实上，正是吉尔伯特首次赋予了这种现象以电的名字。这个词源自希腊语"electrum"，意思是琥珀。吉尔伯特煞费苦心地解释，琥珀摩擦后的力是短暂的，而磁力则是持续的。他宣称，"磁"和"电"完全是两回事情。"所有的磁力都在相互作用下运行，但静电则只有吸引力"，他笑着解释。虽然吉尔伯特的结论在几个世纪之后被发现并非那么完美，但是把磁和电放在一起做实验得出的结果即使在今天也是非常具有指导意义的，虽然他最初这么做只是为了证明电与磁本质不同。

意识到自己的新理论与古希腊人的理论的差异，吉尔伯特非常兴奋。他称其为"我们磁学学说"，并称它"与古希腊人的大多数原则和教条都不一致"。吉尔伯特将他的时间和财富花在磁学实验上，主要目的[9]是为了推翻亚里士多德的自然主义哲学。吉尔伯特的磁学理论奠定了他后来致力于研究的更为广泛的哲学体系的核心，直至 1603 年，吉尔伯特死于瘟疫。他的哲学著作《人世新哲学》（*De Mundo*）直到 1651 年才出版并被翻译成英文。据一位研究吉尔伯特后期作品的学者说[10]，《论磁》读起来就像《人世新哲学》的技术附录。

吉尔伯特的研究结果呼应了几十年前波兰天文学家尼古拉斯·哥白尼的日心说。哥白尼认为，地球在其轴上自转，同时地球也围绕静止不动的太阳旋转。吉尔伯特认为（当然后来事实证明这其实是不正确的）地球因其磁力而旋转。虽然吉尔伯特并没有公开支持日心说，但却把日心说融入了他的作品中。他是个隐秘的哥白尼拥护者。

　　这在当时可是非常危险的。它违背了《圣经》对人们的开创性教导，是反上帝的。今天我们很难理解那个时代的公民看待《圣经》中故事的态度，更不用说教会的主教们了。他们将《圣经》中的每一个故事都视为绝对可靠的信息。例如，在吉尔伯特出版《论磁》之前几十年，弗拉芒解剖学家安德烈亚斯·维萨留斯（Andreas Vesalius）发表了他的开创性著作《人体的构造》（*De Humani Corporis Fabrica*）。根据维萨留斯对人类尸体的诸多解剖（其中一些甚至直接来自绞刑架下的新鲜尸体）和其他的一些发现，他宣称，男性和女性身体的肋骨数量是相同的。这在当时绝对是一个离经叛道的论调。它与《圣经·创世记》中上帝造人的故事背道而驰——上帝取下亚当的一根肋骨，将其变成了夏娃。为了证明他的观点[11]，维萨留斯走遍了意大利，举办了反响强烈但备受争议的公开讲座，向人们展示他的新发现。

　　在当时日心说同样也是骇人听闻的。根据当时对《圣经》的主流解释，地球是上帝创造出来的世界核心，其他一切都必须围绕它旋转。宣扬《圣经》之外的其他任何思想都是不正确的，都是异端学说。在《论磁》出版前几年，意大利多明我会的修道士和哲学家乔尔丹诺·布鲁诺试图阐述每颗恒星其实都是一颗太阳，其周围都有行星环绕，并以此支持和宣传哥白尼的日心说。不出意外，布鲁诺被宗教裁判所——一个专门捍卫罗马天主教会，打击异端邪说的宗教法庭——抓了起来。宗教裁判所很快便审判他为异端，在吉尔伯特的书出版的那年，布鲁诺在罗马被火刑烧死。

　　对于基督教教义的守护者而言，对恒星和行星新的观察结果与《圣经》所说的真理有出入并不重要，因为神学和科学根本无法区分。在吉尔伯特的《论磁》出版后的十年时间里，佛罗伦萨的天文学家伽利略·伽利雷用他自制的望远镜注视着天空，在木星周围发现了四颗新的卫星，进而探索了整个银河系。在接下来的几年间，通过望远镜的观察使他确信，正如哥白尼在1543年所论述的那样，地球和其他行星围绕着太阳旋转，伽利略在1632年以对话的形式发表了他的观点。

就像之前注意到布鲁诺一样，宗教裁判所也注意到了伽利略。伽利略被传唤到罗马直面教廷的责难。伽利略之前已读过吉尔伯特的《论磁》，并且赞同其中的观点，这一事实成为对他提出指控的四项证据之一（或许是受了宗教裁判所的审查员的指示[12]，吉尔伯特那本书的副本中关于哥白尼的部分已经被删除了），伽利略在1633年被教廷宣判，被迫承认他的观点是错误的，他的著作被禁止出版。后来，他回到佛罗伦萨，被软禁于家中[13]度过了余生。

吉尔伯特没有面临类似的风险。他没有公开地支持过哥白尼的想法，并不是因为他害怕教会的迫害[14]，而是因为他是一名保守的上流社会的医生。毕竟，在英格兰，改革派女王伊丽莎白一世是新教教会的领袖。她不像那些焦虑的天主教徒那样担心新思想，并试图阻止离经叛道者倒向其他异教。不过在那个时候，持有不被社会认可的观点，虽然不一定是犯罪，却仍可能会葬送一个医生衣食无忧的职业生涯。吉尔伯特的同事威廉·哈维[15]（William Harvey）的境遇不幸地证明了此事。1628年他发表了革命性的发现——心脏是血液循环的核心之后，虽然贵为御医，他的那些上流社会富有的顾客们还是离他远去了。

吉尔伯特逃脱了那样的命运，但他的日子并不好过。他用其典型的尖锐语气写下了这一预言：

> 为什么我要写下这些忧心忡忡的话，揭示这种高尚的哲学？那是因为迄今为止尚未被理解的许多事实都是崭新和令人难以置信的，它常常被社会上的另外一些观点的效忠者，被高尚艺术的蛀虫，被有学问的白痴、文法家、诡辩者、争执者和幸灾乐祸的小人所诅咒撕碎。

教会主导了这次对新思想的冲击。吉尔伯特的冒犯之处仅仅在于他假设太阳凌驾于地球之上，挑衅了地球的绝对至上的地位。教会和他的争执只是基于此，关于地球是一块巨大磁铁的论点双方并没有起争议。事实上，教会接受了这个想法，甚至将其作为反驳日心说的工具，教会认为地球自身的磁性恰好证明了地球是造物者创造的核心[16]。

有一段时间，吉尔伯特总是纠结于当时最热门的经度问题。他认为，磁偏角或者地理北极和地磁北极之间的角度永远不会改变，因为吸引指南针从极点偏移的大陆是不动的。如果测量了一次磁偏角，那么无论多久回到同一个地方进行测量，它总是相同的。在当时他的这个发现极大推动了大航海时代下全球范围内的磁偏角测量。

但仅仅过了几十年的时间，磁性理论的这一部分就被证明是不正确的。实际上，吉尔伯特推导出的位于地球核心的磁力并非一成不变。相反，它是不断动态变化着的。

第七章　向地狱进发

我和科恩普鲁斯特乘坐电动火车前往多姆火山山顶，是的，多姆火山就是那个俯瞰克莱蒙费朗的沉睡着的火山巨人。这辆火车挤满了来自法国布列塔尼的高中生，也是去参观他和白吕纳曾经工作和领导过的山地观测台的。科恩普鲁斯特看着周围这一群花一样的少年说道，这群年轻人中哪怕能有一个知道白吕纳是谁，我都会非常开心。

追寻白吕纳历史足迹的第一天的漫长旅途即将结束。在动身去多姆火山之前，我们还专门绕道去了距离克莱蒙费朗几公里的拉尚（Laschamp），结果却令人沮丧。20 世纪 60 年代，尚在读博士的诺伯特·博诺姆（Norbert Bonhommet），在对该地区 50 多座火山进行取样后，发现了距今约 4 万年前的"拉尚漂移"或者叫做"几乎逆转"的证据。它也一度被认为是上次地磁完全逆转的关键性证据。科恩普鲁斯特的同事让-皮埃尔·瓦莱特（Jean-Pierre Valet）甚至将这一次的漂移与最后一个尼安德特人的消亡联系起来。这天早些时候，科恩普鲁斯特和我用指南针在雪地里跋涉，试图找到博诺姆取样的地方，然而我们并不走运，最终只能放弃，选择去吃午餐以补充一下体力。我们吃的是一种当地的特色干酪土豆片（truffade），由切好的土豆和大量的黄油再加上更多融化了的奶酪制成，再配上红酒。

现在在多姆火山山顶的科学实验室里，科恩普鲁斯特迫不及待地想扮演主人的角色。白吕纳曾被公元 2 世纪建造的一座神庙的废墟深深吸引，因此他骑着驴子走在这些古罗马时期修建的起伏不平的山路上，费了很大劲气喘吁吁地爬上山顶。这座神庙是丰碑式的多层结构，从山下道路远远就可以望见，据说是为了旅行之神墨丘利而建。它是罗马帝国时期最大的宗教避难所之一。

这座神庙曾被遗忘了几个世纪，直到 1872 年工人们为了建新的气象台挖掘火山寻找建筑材料时才重新走入人们的视线。对于 30 年后来此的白吕纳来说，建造神庙用的、多姆火山熔岩制成的大块长方形石板是无限的磁信息宝库。他的助手皮埃尔·大卫测试了四块石板，发现它们都保存了磁记忆，这对他们当时实验技术是一个重要肯定。这两位备受鼓舞并决心要在这里做更多的实验。

但是，无论为了科学研究还是拜神抑或是为了艺术，登上火山顶峰的同时也抵达了它骇人的内部。每年有近 50 万游客涌向多姆火山山顶，有一部分原因是因为不管这座火山休眠了多久，站在火山口上就如同站在地狱的边缘一样，无法预知脚下会有怎样的恐怖力量等待着迸发。多姆火山可以瞥见地球深处不可预知并可以消灭世界的力量。

当时罗马人很可能已经知道这是一座古老的火山，这可能正是他们在那里建造庞大的墨丘利神庙的原因。即使在今天有了火车，人们也还是想走路去那里。从神庙下来则需要不停地走一个半小时。虽然罗马人知道这曾经是一座火山，但在罗马时代之后，对于火山的记忆便伴随神庙一起消失在历史长河之中了。一千多年来，这座火山一直被当成一座破旧的山峰，就像这个地区的山脉一样。它的可怖景象也只是一些微弱的记忆。

1751 年，法国自然科学家让-艾蒂安·吉塔德（Jean-Étienne Guettard）爬上了多姆火山山顶，发现它是这附近横跨法国中部奥弗涅地区 30 公里（近 20 英里）内的大约 90 座火山之一[1]。他警告人们说，这些火山可能会从沉睡中醒来并再次喷发。现代火山学家对此纷纷表示赞同，这在当时引起了轰动，在欧洲一些已经存在了数千年的地区，就在人们眼皮底下，居然发现了一系列隐藏其中的古老火山！随后人们对这些火山——后来被称为中央高原奥涅夫火山带（Chaîne des Puys）——的越来越浓厚的兴趣，标志着现代火山研究学的诞生。火山学家从欧洲各地来这里朝圣，试图了解是什么让火山喷出熔岩以及它上次喷发的时间，试图穿越千年时空深入到地球的内部。

像地球物理学的许多其他元素一样，火山学也挑战了神学。地球的年代对于神学家来说是至关重要的，一部分是因为他们相信如果他们知道了世界何时开始，他们也会知道什么时候会结束。除此之外，按照他们的思维方式，上帝创造了这个世界，那么关于世界的编年史也应该包含在《圣经》之中。

这种哲学在 17 世纪获得了几乎合乎逻辑的自洽结论，当时爱尔兰阿尔玛教区的大主教詹姆斯·乌瑟尔（James Ussher）煞费苦心地研究了《圣经·旧约》之后，准确测算出从创世记到耶稣基督出生一共经历了多长时间。他将地球的诞生放在了众所周知的公元前 4004 年 10 月 22 日星期六晚上，并用 2000 页的拉丁文字解释他是如何推算出具体日期的[2]。其他学者计算出的时间也大致相同，这意味着他们认为地球的历史不到 6000 年。（现代科学计算表明地球大约有 46 亿年的历史。）到了 18 世纪初，詹姆斯国王版《圣经》的注释版将乌瑟尔的日期收录在了相关段落旁边的空白处，以此来证明《圣经》是可信的年表。这个日期直到 19 世纪末才在学术上被揭穿，关于它的争论一直延续到 20 世纪后期[3]，那时关于火山的研究已经开始了很久，古生物学家也已开始挖掘古代人类化石，英国自然学家查尔斯·达尔文也出版了那本概述了生物随着时间的推移从共同的祖先进化而来的《物种起源》。

除此之外，18 世纪的自然科学家们对于火山喷发出的物质的构成分为两派：岩石水成论者和岩石火成论者。以罗马海神尼普顿命名的岩石水成论者确信，玄武岩或快速冷却的岩浆是海底形成的沉积物，火山是地下的硫磺或者是焦油喷发形成的。与之对立的，以罗马冥界之神布鲁托命名的岩石火成论者则认为，熔岩是地球表面下积聚并最终释放出来的融化岩石。水成论者和火成论者都去过奥弗涅[4]考察多姆火山和其他古老的火山，两派都试图利用在那里发现的证据证明己方的理论。最终岩石火成论者赢得了胜利。

当时还有一个棘手的问题，那就是多姆火山于何时爆发。据现代分析称[5]，多姆火山的熔岩形成于大约 10 万年前，在科恩普鲁斯特热衷研究的地幔下面约 30 公里（18.6 英里）的距离，有一部分是来自地核的热量残留物。这些原始的熔化了的玄武岩，在如此高温下急需一个排出口，之后便不可阻挡地流动到奥弗涅地下的岩浆房里。大约在 10800 年前，岩浆房压力变得太大[6]，以至于爆裂开来，喷射出沸腾的熔岩，冲破火山口并在空中爆炸。这次威力极大的爆炸把广袤的多姆火山东侧全部摧毁，熔岩流入了附近的乡村。又过了 1600 年，在多姆火山部分地方重新生长出植被，周边恢复原貌，岩浆房内的原始玄武岩又进行了一次大规模的喷发。一些科学家认为，就像维苏威火山一样，奥弗涅乡下古老的熔岩下面也埋有史前的生态群落。

今天，这个岩浆房的穹顶被墨丘利的神庙所覆盖，神庙顶端的实验室外屋顶被一些类似于巨型白色荧光灯管的仪器所环绕，可以在数英里外看到。科恩普鲁斯特和我踩着危险的冰面，慢慢地穿过神庙，朝实验室走去。虽然已是 3 月下旬，复活节前一周，但仍可以感受到刺骨的寒冷。科恩普鲁斯特冻得脸通红，头发迎风而立。神庙外墙的地上堆积着一小摊积雪，外墙的浅灰色石板衬着白色的天空，十分醒目，白吕纳的助手大卫肯定探测过这些石板周围的邻居吧。我们困在一片冰冷的云团中，脚下是可能喷发的火山。

在那里，我终于明白了宗教会跨越时空膜拜火山，向与它所连接的地球深处致敬的原因。罗马人用他们的火神伏尔甘的名字命名火山。伏尔甘是主神朱庇特和朱诺的儿子，先天残疾，主管火焰、锻造技术和铁匠，他象征着生与死，为他的父亲制造雷电。日本富士山上次爆发是在 1708 年，它是日本的精神磁石，是日本神圣的象征。虔诚的朝圣者在夜晚爬上山顶为的是亲眼目睹太阳升起。

这种敬畏已经蔓延到通过想象窥探地球内部的文学作品中，从但丁·阿利吉耶里（Dante Alighieri）14 世纪的《神曲》，到约翰·米尔顿（John Milton）17 世纪的《失乐园》，再到儒勒·凡尔纳（Jules Verne）19 世纪的冒险故事《地心游记》（*Journey to the Earth of the Earth*），地球内部都被描绘成充满罪恶和痛苦的禁忌之地。凡尔纳笔下的英雄们通过冰岛一座枯竭的双穹顶火山下降到地球罪恶核心，次次与死神擦肩而过，最后又回到了浓烟滚滚的地中海火山上。再或者离我们更近的美剧《吸血鬼猎人巴菲》（*Buffy the Vampire Slayer*），主角花了整整七季的时间，只为了把坐落在加州太阳谷的恶魔王国的入口关上，以阻止恶魔跑出来祸害人类文明。

科恩普鲁斯特和我绕着神庙走完最后一段路，沿着湿滑的台阶来到一扇紧锁的门前。他敲了敲门，良久，一个脑袋探了出来。科恩普鲁斯特介绍了自己，说自己曾经负责整个实验室的项目，今天来这里看看。

这位开门的科学家是在这里工作的其中一位，总共大概有八到十人在这儿工作，其中有几位还会暂时住在这里，采集空气样本。与白吕纳只有一台煤气发动机相比，这是一个更现代、更广泛，技术手段更丰富的时代。如今，这个观测站是世界气象组织全球大气观测网的一部分，这个观测网是全面监测人类活动对全球大气层影响的观测网络。伯纳德的弟弟，人文地理学的奠基者让·白吕纳或许在百年前就会批准这项研究。

科恩普鲁斯特告诉我，由于多姆火山是奥弗涅地区最高的火山，加之大西洋和火山之间的地带重工业很少，这里的空气异常纯净。这位年轻的科学家为我们详细介绍了其中一台机器是如何工作的，并向我们展示了当天采集的大量最新数据。其中一个数据让人印象十分深刻：温室气体二氧化碳的浓度为 403.197 ppm，与工业化前的数字 280 相比，这已经是一个相当令人震惊的数字。二氧化碳数据作为气候变化的标志，一个世纪后竟然会如此重要，这必然是伯纳德·白吕纳当年所无法想象的。

最后，法国国家科学研究中心物理气象学实验室主任，大气化学专家卡云妮·塞莱格里（Karine Sellegri）来到我们面前，她目前是这个团队的领导。

"我是科恩普鲁斯特。"我的同伴微微鞠躬，自我介绍道。他随后解释了我们此行的目的，希望向世界推广白吕纳关于磁场逆转这一大胆发现的重要性。塞莱格里似乎略有歉意，虽然这里有一个小会议室以白吕纳的名字命名，但没有人知道为什么。在克莱蒙费朗大学的课程中也没有提到过他的名字。但是曾经有一个关于地磁场逆转的小讲座提到过白吕纳，塞莱格里回忆着，渐渐地有些激动，是的，她听说过白吕纳的实验。

"那不是实验！"科恩普鲁斯特大声说道，"那是观察！"

之后，我们踏上了回程的路。在我们喝着浓咖啡，啃着饼干等火车时，科恩普鲁斯特陷入了沉思。他退休后，成为维尔卡尼亚火山公园（Vulcania）的科学顾问。这也是欧洲唯一的火山主题公园，建造它的目的是为了帮助公众了解火山和地球内部其他的神秘事物。该公园也向人们展示了火山在赋予这片地区灵魂时，力量是多么强大，科恩普鲁斯特对此功不可没，他任职于观测台主任的时候就下决心，要让克莱蒙费朗成为这一学科的国际英才中心。距离多姆火山只有几公里的地方，维尔卡尼亚火山公园的旅游季将当晚的活动推向了高潮，科恩普鲁斯特是嘉宾之一。

　　当啜饮着浓咖啡时，他满怀深情地追溯了磁学的历程，不仅回忆了磁学历史上的重要人物，如佩雷格里鲁斯和吉尔伯特，还有一些推动磁学发展的具有里程碑意义的论文。白吕纳则是磁学历史上的支点人物，在他之前的磁学和他之后的磁学是完全不同的。第二天，我们将开始最重要的一段旅程：去找寻白吕纳发现赤陶土样本的那层岩石，正是那些样本改写了科学的历史。

第八章　世界上最伟大的科学事业

1634 年 6 月 12 日，快要夏至的时候，亨利·盖利布兰德（Henry Gellibrand）将两英尺长的磁化针和两个象限仪运到了伦敦以西德普特福德的约翰·威尔斯先生的花园里。他要在这里使用这些仪器在次日早上进行五组测量，太阳升起的方向就是正北，磁针指向的就是磁极北。太阳即将落山时，他又进行了六组测量。盖利布兰德是一位年轻的数学家，在伦敦格雷沙姆（Gresham）学院担任天文学教授，这可是个令人垂涎的位置，当时他已针对磁偏角做了一些计算工作。

这一次实验的结果改变了人们对地磁场的理解。即使被认为"没有任何天赋但勤奋又努力的数学家"[1]，盖利布兰德也马上意识到了这一点，德普特福德的约翰·威尔斯先生的花园（或至少附近）的磁偏角在短短 54 年内已经移动了 7 度以上。这意味着即使站在地球的同一个地方并使用相同的测量仪器，磁偏角也会随着时间变化而变化。

它与当时航海家和学者们自认为所知道的完全相悖。磁偏角在海上有所变化，这一点可以很容易理解，那里有很多变量，包括波浪的运动、掩盖导向性天体的云层，以及不靠谱的地理坐标。但是磁偏角竟然在伦敦附近的花园里也发生变化，而且是变化很快，这与海上磁偏角的变化完全是两回事。随后的测量结果表明，伦敦作为当时世界上测量磁偏角最精准的城市之一，磁偏角也从 16 世纪后期的偏东 11 度一路移动 [2] 到了 1820 年的偏西24 度。

这个发现引发的质疑几乎是无法想象的，它直接把磁学推入了当时最伟大的科学难题之一，仅次于重力。就像在我们这个时代，早上醒来，发现时间已经开始倒退一样，你之前认为理所当然的事情不再以同样的方式发生。

一方面，盖利布兰德的发现意味着吉尔伯特所认为的地球磁场就像一个简单的永磁体是不正确的，这个磁场是不断运动的；另一方面，这也意味着多年来不断测量积累的磁偏角都是没有用的，除非有完整的日期记录。这还意味着磁坐标不仅包含磁场三要素，还包括时间的维度。某次测量的磁偏角度数并不代表着几年后它还是保持不变的。

盖利布兰德的惊人发现其实早有端倪。他的前任格雷沙姆学院天文学教授埃蒙德·甘特（Edmund Gunter）曾记录了伦敦磁偏角的异常。甘特是一名杰出的数学家，滑尺的发明者。1622年，甘特在 [3] 德普特福德采取常规的测量方法测量过伦敦的磁偏角，旨在验证威廉·博罗 42 年前在这里的磁偏角测量。威廉·博罗是著名的海盗，同时也是女王皇家海军的审计官。甘特惊讶地发现他的测量结果与威廉·博罗的结果存在着超过 5度的差异。他没有深究这匪夷所思的发现——地球的磁性"灵魂"竟然是不固定的，但他详细记录了测量结果。1626 年，甘特去世后，盖利布兰德接任了他的职位。这次，盖利布兰德注意到了差异，并将甘特的磁化针带回到约翰·威尔斯的花园，于 1634 年重新进行了测量。次年，他发表了研究成果，用"世代"，拉丁语 saeculum 这个词命名该现象为"长期变化"（secular variation）。

这次发表的学术研究成果，意味着磁学完成了一场革命。从古希腊时代的磁石不稳定，到佩雷格里鲁斯的磁铁永久的"自然本能"，到吉尔伯特的永久性的全球现象，再到盖利布兰德的磁性变为类似于一种地球内部无形的：反复无常的生命力。它意味着无论是一秒接一秒地不间断地测量还是经过数百万年后再次测量，磁性始终都处在移动中。那么地球内部到底埋藏着怎样的能量才能使这些现象发生呢？这种能量的下一个方向又会是哪里呢？

当时科学和航海思想的核心逻辑是如果磁偏角读数发生了变化，就一定会有计算它们的方式和办法。换句话说，这个变化必然有一个规律，一个数学公式，最终将允许航海家使用磁偏角来读取经度。这个假设意味着需要进行更多的测量以弄清楚数学上的公式究竟是什么。以有序的方式，通过数理手段解决这个问题的趋势势不可挡。

为解决这个问题使爱德蒙·哈雷（Edmond Halley）流芳百世，也为英国君主直接干预航行问题奠定了基础。作为英国第二位皇家天文学家，哈雷最广为人知的贡献便是以他的名字命名的彗星。他准确地计算了彗星穿过天空的路径并预测它会在 1758 年再次出现。这位日后在天文学上彪炳史册的青年，当时也正痴迷于航海上的导航与磁学问题。因此，在 17 世纪的最后几年，哈雷，这个富裕的肥皂制造商的儿子，纯粹出于对科学的热爱，在皇室的支持下，开始了他的第一次海上探险。

尽管皇家为他打造的"帕拉摩尔"号的初航并不顺利，但哈雷的第二次航行成功带回了一系列磁偏角测量的结果，美中不足的是他并没有测量磁倾角。哈雷的第二次航行横跨了大西洋，穿过了非洲和南美洲的尽头，他还冒险去了此前没人去过的靠近南极的水域，当时的人称那里为"冰海"。

整个伦敦都翘首以盼，期待着他的伟大发现。但怎样表达他的发现才能够帮助到那些只会操纵船只的水手呢？

对于科学传播，哈雷就像会读心术。他没有制作对水手来说晦涩难懂的数表，而是制作了一份鲜活的地图。他在地图上绘制了他的磁偏角测量值，并且用数字显示相同的角度，就像他绘制了彗星的椭圆轨道一样绘制了等值线。他最终的成果再一次彻底改变了人们对磁性的看法，而且教会了人们去如何解读它。

"崭新而正确的航海图[4]显示了西方和南方海洋中指南针的变化，正如我在 1700 年所观察到的那样——爱德蒙·哈雷绘制。"这份全新出版的航海图将前所未有的线条加入到了人们所熟悉的经度和纬度网格之中。这些线条能够正确帮助水手们在大海航行中，根据自己的位置调整指南针。这是地球磁力线第一次可视化地出现在出版物上，就像我们现在所熟悉的地磁场一样，是一个从磁芯脉冲出来的磁能量场，（磁力线）像皮筋一样从一个极点喷发出到达另一个极点，并包裹着这个星球。如今地磁场已经被认为是一种不稳定的、不断发展的、不断移动的场，与地球上的一切相联系。

由于海员还需要一些注释，哈雷便在位于航海图左上角的"加拿大新法兰西"上方和"哈德逊湾"的正下方写道："图表中绘制的曲线，每一条等值线上指南针的磁偏角是一样的，而数字显示了指针从正北方向向东或向西倾斜度数的多少，在百慕大群岛和佛得角群岛附近经过的双线则表明那里的指针指向是准确的，没有磁偏角。"哈雷显然已经找到了磁偏角等值线的零点，它没有沿着任何已知的纵向线延伸，正如理论家们所想象的那样，而是在非洲西部凸起和南美洲东翼之间将大西洋一分为二，然后在百慕大下面转向美国佛罗里达州海岸。

今天，相同类型的制图标记被人们称为等高线，它们表示不同的地形高度。例如，在山的底部的闭合曲线可能表示海拔 100 米，再往上，下一个闭合曲线可能表示 200 米，依此类推到顶部。在气象图上，这些曲线称为等压线或等温线，取决于它们标示的气压或温度。后来人们为了纪念哈雷的创举，把这些等值线也称为哈雷线。哈雷在获得了其他海员的数据后，将他的磁偏角航海图扩展到了太平洋的部分地区，并在每次获得新信息时及时更新。直到 19 世纪[5]，它们以各种各样的形式出版。

尽管哈雷不这么认为，但他的图表一出版其实就已经不正确了，因为地球的磁场相比它被测量的时候已经发生了变化。这张图表对于查找经度几乎毫无用处，除非航行时哈雷绘制的等值线和海岸线是平行的[6]，直到地磁场下一次变化为止。但毋庸置疑，哈雷的工作是一个伟大的创举。

当他探索磁场的可变性时，哈雷发现地磁场似乎在向西移动，这种现象如今被称为"西向漂移"。为了解释这个现象，哈雷提出了一个有趣的地球内部模型，暗示地球被包围的液体核心（他认为这可能是未知生物的家园，这也影响了后世的凡尔纳）包含在地球的外壳之内。他提出，除了两个磁极外，地核还有自己的一对磁极，整个地球总共应该有四个磁极[7]。内部的两个磁极比两极磁极旋转得更慢。简单来说，哈雷认为两对磁极一直在争夺主导地位，在磁力线上相互拉扯，并造成了地表地磁向西漂移的现象。

尽管如今看来，哈雷的模型存在几个基本错误，但这个模型代表了一种尝试，一种揭示地球磁脉冲变化过程的尝试。这个尝试让盖利布兰德所发现的磁偏角读数会随着时间推移而变化的观点又向前进了一步。哈雷的新地球模型也是一种预示性的尝试，将地磁场变化的原因置于地球的液体核心也是具有开创性的一种思路。它在当时虽然未被普遍接受，但在这之后，它启示着人们去进一步寻求一种假设来描述整个地球的磁性，探索引起它的原因。

哈雷于 1742 年去世，去世前他做出了一个非常准确的预测[8]："人类需要几百年的时间来建立一个完整的磁学体系。"

当他去世时，一个巨大的地磁学难题仍未解决。随时间推移而变化的磁偏角——在大西洋上的变化尤为明显，太平洋上略微减弱；磁倾角——磁针和水平方向形成的夹角，并且也会随着时间推移而变化，但并没有磁偏角的变化来得大，这两个角的测量都给出了有关地磁方向的信息。但地磁的强度呢？用物理学家的话来说，就像只知道了矢量二元素的其中一个，类似于知道一辆车正驶向西北但不知道它是以每小时 10 公里还是 100 或 1000 公里的速度行驶。

一些探险家用磁倾角测量仪发现，指南针越靠近两极，磁针的推拉力就越强。可以通过将摆动的指针代入振动周期的数学公式验证这一现象，指针会被推拉，然后返回到它最初开始的位置。但是测量出的强度只是相比较于所使用的磁铁强度而言，并不是实际的地磁场强度。为此，德国自然学家和地质学家亚历山大·冯·洪堡（Alexander von Humboldt）决定建立一套比较强度的标准。在 19 世纪即将到来之际，洪堡开启了中美洲和南美洲的科学之旅。当他漫游于南美，收集未知的生物标本以带回欧洲时，他还顺道测量了磁场强度的数据。吉莉安·特纳解释到，他发现在南美洲磁场强度最薄弱的地方是在秘鲁北部的米库潘帕镇（Micuipampa），以此磁场强度为一个基础单位为全球磁场强度值设立了计算标准。这意味着未来的强度测量可以使用这个秘鲁单位作为参考点。而这只是一个开始，地球磁场相对强度的获得只是一个参考，洪堡真正梦想的是建立一个全球性的地磁场观测网络，以测量标准的磁偏角、磁倾角和强度。

1828 年，洪堡遇到了年轻的德国数学家卡尔·弗里德里希·高斯（Carl Friedrich Gauss）。高斯的父母都是文盲，据传，高斯在学会说话之前就认识数字。最著名的故事是他三岁时指出他父亲算错了工资总额，并提供了正确的答案。今天高斯被人们称为数学王子。高斯于 1832 年想出了一个计算绝对磁场强度的公式[9]，并设计了一种仪器，也是历史上的第一个磁强计，后来磁场强度的单位[10]以他的姓氏命名。磁强计采用一个磁铁与另一个磁铁成直角地相互拉动，根据测出的磁倾角，算出磁场强度。

这个发明很快席卷了科学界，成为当时地磁观测台的标准仪器。今天，我们可以获得的准确测量后的地球磁场强度数据，可以一直追溯到 1840 年。仿若一夜之间，人类便具有了测量整个磁矢量的能力。不仅如此，在 1838 年，高斯还从数学上证明了地球磁场的主要部分是在地球内部产生的。至此，吉尔伯特在两百多年前的大胆实验终于被证明是正确的[11]。

同时，洪堡也在致力于建立全球磁力观测网络。他着眼于大局，要求全球的观测站使用标准的测量仪器并在同一时间采集数据，以此达到系统测量的目的。他邀请了高斯[12] 和世界各地的许多名人参与其中，包括俄罗斯的沙皇尼古拉斯一世。1834 年，哥廷根磁测联盟（Göttinger Magnetische Verein）成立，这个联盟以高斯所在的德国城市哥廷根命名。这就是所谓的磁学十字军运动（the magnetic crusade）的开端，这是人类历史上的第一次全球性科学合作，也是欧洲核子研究组织的前身，如今欧洲核子研究组织主要致力于研究原子中最微小部分的奥秘。

即使如此，经度的测定仍然紧迫。从技术上讲，约克郡的钟表制造商约翰·哈里森在 1759 年完成他的杰作时，经度问题就已经得到解决。他所制造的有手柄的钟表可以在海上计时，这是他制作的航海钟系列的第四个[13]，也是最完美的一个，故名哈里森 H-4 航海钟。它是哈里森和他儿子 30 年工作的最终成果。

当时为了解决经度问题，英国议会专门设立了经度委员会，通过了经度法案，为帮助海员解决经度问题的人提供丰厚的回报。1714 年，经度委员会提供了高达 2 万英镑的奖金（在今天相当于 400 多万美元）。经度的测定对于经度法案中提到的"航行的安全和快速，保护船舶和人类的生命"，"大不列颠的贸易"，以及"王国的荣誉"来说都是必不可少的。法案的推出引发了一系列关于精度测定的猜想，但大多数都是空话，没有实际意义。

1759 年，哈里森成功设计出可以在海上计时的时钟。因为地球在 24 小时内一定会旋转 360 度，所以任何水手都知道，时间就是距离，距离就是经度。虽然哈里森 H-4 航海钟通过了 1761 年至 1762 年航行至牙买加和 1764 年航行至巴西的两次测试，但当时的仪器稀有且昂贵，哈里森 H-4 航海钟的结构又非常复杂，并不容易被复制。如今我们通过世界上任何一家科学博物馆的陈列都可以发现，那个时代的指南针、象限仪、六分仪或其他的导航仪器，都是精雕细琢的杰作，都是艺术品，并没有廉价的仿冒品。

经度委员会希望可以有一个可以推广使用的解决方案，让每个舵手都可以轻松使用。最终，经过多年的争议，哈里森虽然赢得了奖金 [14]，但是人们依然通过观测月亮、太阳或是星星确定经度，寄希望于更便宜、更容易掌握的方式。事实上，欧洲科学界还有一个强大的阵营，认为经度的真正解决方案在于观测天体和测定地球磁场。在那个时候，皇家天文学家哈雷被认为是大英帝国研究经度的知名专家，他曾掌管格林威治天文台。格林威治天文台于 1675 年由查理二世建立，目的是为了收集天文数据，以便在海上发现经度。天文学与经度有着千丝万缕的联系，这一切聚焦在地球的磁力上。

这也是爱尔兰天文学家爱德华·萨宾（Edward Sabine）爵士为之奋斗的领域，他用近乎狂热 [15] 的热情参与了磁学十字军运动。正如一位历史学家所称，19 世纪 30 年代，是"英国科学史上最动荡的时期之一"[16]。英国的经度委员会解散，海上经度的日常问题仍悬而未决。与此同时，英国科学促进会在那个时候还是一个新生儿[17]，自然学家查尔斯·达尔文（Charles Darwin）刚刚登上"贝格尔"号开始历时五年的世界航行，随后提出了生物进化和自然选择论（他的船长罗伯特·菲茨·罗伊在达尔文观察植物和动物的同时进行了大量磁倾角测量）。维多利亚女王将在十年内继位，收集数据将成为大英帝国一种全国性的热潮，经验主义不再是科学的罪人，而是势在必行的当务之急。

　　萨宾对磁学充满热情[18]，他曾两次航行到北极收集磁倾角数据，并在 19 世纪 30 年代对英伦三岛进行了第一次系统的地磁测量。在 1836 年遇见洪堡时，他激动万分，很快萨宾就成为了洪堡所提倡的磁学十字军运动背后的狂热支持者，他说服英国政府及其科学和海军上级组织资助更多的观测站建设和数据分析的工作。在那时的英国，人们把对社会和宗教运动，例如反奴隶制运动和禁酒运动的热情，完全倾注到了科学事业上[19]。搞清楚磁场已经从个人事业完全上升到国家层面的举动，有海军部为其背书。

　　在某种程度上，这种热情也是为了显示英国的科学优势[20]。许多英国的磁学十字军运动的倡议者认为他们的欧洲竞争对手在磁学研究方面是领先的：德国有洪堡和高斯，法国有杰出的巴黎气象台和经度局。英国，拥有不断增长的帝国势力和雄厚的海军实力，而这两者都依赖于航行，磁学方面落后是当局绝对无法忍受的。

　　因此，萨宾策划在殖民地建立气象站和地磁台站[21]，包括多伦多、圣赫勒拿岛、好望角，还有现在的霍巴特、塔斯马尼亚等。他知道磁针在极点直指上或下，极点对于磁力的探索至关重要，他还成功争取到了南极洲地磁探测的科考活动，为约翰·富兰克林爵士 1845 年对北极西北航道的探险活动提供了最先进的磁测设备。正如前言提到的，富兰克林的任务最终以悲剧告终，129 名船员全部殒没。被困在遗弃的冰船上侥幸活过了两个严冬的人，后来登上了距离他们最近的冰冷的威廉王岛，在那里相互残杀，以同伴为食，相继死去。然而，在第二个冬天，一支专业队伍在靠近磁北极的地方成功地完成了他们此次探险的首要任务——进行磁测。最终，萨宾在国际上掀起了磁学十字军运动的高潮。他希望每一个地磁台站每小时都能进行地磁三要素——磁偏角、磁倾角、磁场强度的测量。高斯和其他国家的研究人员对萨宾获得的大量数据感到不可思议。之后萨宾继续前行[22]，要求他的英国科学家团队汇编、分析所有地磁台站的调查结果。

据当时的一位历史学家称，从整体上看，磁学十字军运动是"迄今为止世界上最伟大的科学事业"[23]。到 1840 年，全球已有超过 30 个永久地磁台站[24]，其中俄国建立了 11 座，亚洲的 4 座由东印度公司出资建设，英国殖民地的 6 座由英国政府支持建造，还有 2 座分别位于美国的费城和剑桥。在系统观察数据的帮助下，科学界决心破解地球磁场的密码。这些雄心万丈的科学家不满足于知道磁力改变，或者磁力能够计算了，他们想要了解其背后的法则。

伟大的英国物理学家艾萨克·牛顿（Isaac Newton）在 1687 年揭示了引力的法则（在哈雷的说服下得以出版），那时的科学家们相信最后一个未解的关于地球的难题就是磁力。正如英国科学促进会创始人威廉·弗农·哈考特（William Vernon Harcourt）在 1839 年所宣称的那样，找到磁力的法则就可以完善牛顿提出的 [25]"新宇宙法则真相，即关于万事万物的本质联系的发现"。萨宾和他的同事正在寻找吉尔伯特在两个世纪前所寻求的，了解世界运作方式的全面新方法。对于 19 世纪中叶的科学家而言，宇宙永恒的秘密就藏在那里，随时可以解锁。他们想要解锁的钥匙。

随着磁学十字军运动在 19 世纪 40 年代末偃旗息鼓，大多数参与者都清楚地认识到他们还没有找到那把钥匙。一位英国科学历史学家 [26] 写道，"可以说，从科学角度来看，结果并不值得付出巨大的努力。"到了 19 世纪 50 年代，推算地球磁力的热情已经消退，部分归因于生物进化理论的提出。达尔文的理论在"贝格尔"号环游世界之后迅速发展起来并引爆舆论。面对生命起源这个更具争议性的问题，人们对星球如何运行的问题逐渐失去关注。从物理学家和地理学家的角度来看，磁力对于世界的日常运作永远不会真正地起作用。磁学成为了一门边缘化的科学，不再需要被解释的科学。

磁学领域还是取得了一些进步。萨宾经过思考和分析测量数据后发现，太阳上出现的奇怪黑点和地磁强度的短暂波动似乎有着联系。这是二者可能有关联的第一个线索，这种关联对后世的科学家去预测地球变化无常的磁力至关重要。

高斯建立的哥廷根地磁学联盟的更大意义在于，它提供了超过 175 年连续测量地球磁场的数据。事实上，有迹象表明，地磁场正变得越来越弱，两极很可能在不久之后完成再一次的翻转。虽然 19 世纪人们对于磁学的探索渐渐消退，在追求新科学的兴奋中被遗忘，但这种状态并没有持续太久。随着科学家好奇地磁场的逆转将如何影响人类文明，现代的磁学研究即将出现。

第九章　让世界反转的岩石

　　科恩普鲁斯特和我一边驱车疾驰在法国的乡村道路上，一边解读着地球饱经风霜的剧烈运动的传奇故事。经过几十年的考察，辨别岩石对科恩普鲁斯特来说就像呼吸那样简单。汽车通过一条狭窄的道路时，他激动地指向车窗的右边，"这是3亿年前的地层！"他又指着一处看起来平平无奇的地方说道，"这是1500万年前的一座小火山，只有喷烟口还保留着。"随着汽车疾驰，他不断向我介绍："这是玄武岩，1万年前的地层；这是火山岩，4万年前的地层。"

　　我们在一座小村庄的外围，离克莱蒙费朗大约两个小时的车程，我们想试试运气，能否在这里找到白吕纳的赤陶土层。相比前几日，积雪似乎一夜之间融化了，湿冷的感觉随之袭来。天空是明亮的蔚蓝色，法国中部的田野正从沉睡的冬天苏醒过来，在一块整齐的长方形农场中，偶尔会有一小片绿色。几个星期后，这些田地将播种玉米、土豆和小麦，富含腐殖质的黑色土壤肥沃，十分适合滋养农作物，这是古老火山的馈赠。这里的火山为数代人提供了生计，包括庄稼、牧场、醇厚的奶油、松脆的奶酪、富含单宁的葡萄酒，还有那依赖于致密岩石过滤的溪水的工业。

一个多世纪以前，白吕纳曾向乡村的道路工程师求助，请求他们帮忙留意沉积的、曾被古老火山的热熔岩覆盖过的赤陶土层结构。和那个时代的大多数地球物理学家一样，白吕纳试图找到那些经熔岩高温加热、失去又重新获得磁性的岩石。根据梅洛尼的发现、福尔盖赖特的结论和居里定律，该地层中的陶土应该与后来火山喷发出的物质具有相同的磁场信息，与熔岩或玄武岩（一种细粒黑色岩石）一致。物理学家试图通过从世界不同地区采集的岩石样本追溯地球长期的磁场变化，重建地球磁场随时间演变的图谱，并试图找出可能导致其发生变化的原因。

据说，有一天白吕纳的一位朋友，一位没能被历史记录名字的道路桥梁工程师，告诉白吕纳他在庞特法林（Pont Farin）或彭法林（Pontfarein）附近修建的一条全新道路上挖出了白吕纳正在寻找的那种赤陶土层。白吕纳听闻，兴奋地收拾好工具，骑上马就出发了。

科恩普鲁斯特正在沿着吉斯卡尔·德斯坦高速公路（Giscard d'Estaing autoroute）一路向南行驶。他把地图拿了出来，地图上的道路四通八达，花花绿绿的地图被切割得错综复杂，庞特法林就隐藏在地图的乡村道路之中。谷歌地图几乎没有任何提示，看得出他有点紧张。他猛踩油门加速，汽车飞快地超过其他车辆，然后回到右侧车道，惹得一汽车司机愤怒地摁了喇叭。科恩普鲁斯特则抬起右手举在后视镜前面，手掌朝里，不屑地挥了挥手；嘴巴抿成一条直线，完全一副若无其事的模样。

随着车行至康塔尔，他扫视了一下周围的景观。对于地球物理学家来说，一路来到法国康塔尔地区的感受，就仿佛是在和一位珍惜的老友边吃丰盛的晚餐边怀旧一样。高速公路穿透了3000万年前渐新世时期的沉积岩层，渐新世时期的古老动物被我们现在非常熟悉的大象、猪、马和猿类等所取代。所有的沉积物都位于坚硬的花岗岩基底的顶部，这些岩石在很久以前就在高温下形成，某些地方已经裂开，地壳运动将其推向地表。在它的下面是岩浆床的残骸，这些岩浆床曾经是比多姆火山链还久远的火山。在数百万年前形成的时候，这些火山喷发出大量的玄武岩以至于形成了熔岩湖。玄武岩深受地质学家的喜爱，因为它在地幔中结晶，是他们所见过的最接近原始熔岩的岩石。在这里，欧洲曾经的最伟大的火山经过了风吹雨打和时间的洗礼，已经慢慢磨损，往日辉煌不再。玄武岩喷发形成的湖也变成了肥沃的平原。

上午10点45分，我们驶过风景如画的小路，抵达莱泰尔讷（Les Ternes），这是一个600人的村庄，沿马路边向上一层层建造而成。街道上都是整齐的堆砌石墙。科恩普鲁斯特建议我们去镇上一座16世纪的城堡，那里有个餐厅可以喝点咖啡。他上前搭讪了两个坐在豪华酒吧里的中年男人。一个穿着蓝色牛仔裤，一个身穿迷彩工装裤。他们会知道庞特法林在哪里吗？

答案是肯定的！

科恩普鲁斯特专注地听着到达那里的路线：沿着村庄的顶部走到牧场，然后沿着牧场围栏的道路向左侧行走。科恩普鲁斯特表达了感谢，然后又问他们是否知道一位著名的物理学家从这里发现了地磁反转的故事，也就是北极变南极，南极变北极的事，有位来自海外的访客（他指着我）想要写这位著名物理学家的故事。他们看着我，礼貌地笑了笑，对科恩普鲁斯特耸了耸肩，转过身继续喝酒了。

当我们在村庄顶部找到那条路时，路边就不再有任何标记了，只有一个标着 D57 的小金属旗帜还立在路边。科恩普鲁斯特再一次查询地图。"是的，是的，我们走在正确的路线上。"我们开车在路上穿行时，他喃喃自语。穿过一些石栅栏和覆盖着苔藓的低矮屋顶之后，庞特法林到了！科恩普鲁斯特停好车，在村庄标志前给我拍了一张手攥笔记本的照片。

"村庄"都有点言过其实，毕竟它只有两栋房子和一条小溪。绕过房子有另一条更窄的小路。是这条路吗？他犹豫了。他再次向前走了几步，发现了一些看起来很类似的东西。就是这里！他十分兴奋地打开后备厢，拿出地质学家专用工具：一个装在破旧的红色盒子里的指南针和一把锤子。

我们继续沿着狭窄的小路向前，它盘绕在小山的一侧，陡峭的悬崖左侧一直向下延伸直到远处的河流。这是白吕纳的朋友在一百多年前帮助修建的道路，它现在竟然依然存在，丝毫没有改变，真让人惊讶。一百多年过去了，这里的村庄没有扩大，道路也没有拓宽，更没有大型商店或工业园区建在白吕纳发现的旧址上。数百年来，法国的这一部分基本保持不变，鸟儿欢快地叽叽喳喳，动物粪便的气味萦绕其间。除了我们，这里没有其他人。

啊……赤陶土！指着从我们右边山坡流下的溪水河床中的脆红色薄土层，科恩普鲁斯特激动得几乎要哭了。他告诉我，他第一次来找白吕纳的赤陶土时失败了。他一直以为应该是一个采石场，没想到它竟然是被积累了将近一个世纪的碎石所覆盖着的、几乎未被人类活动触及的露天岩层！我期待着在这个地方发现一些科学革命的迹象或是一些相关的小标记，但什么都没有，普通得不能再普通，实在想象不出法国还有什么其他地方比这里更加容易让人忘记了。我们又走了一段时间，在路的转弯处发现了一所房子，科恩普鲁斯特短暂停留了一下。我们似乎走得太远了，于是转身往回走。科恩普鲁斯特更加专注了，时不时弯下腰仔细查看着岸边，寻找赤陶土层的线索，偶尔用锤子敲敲打打。

　　突然，他跃过溪流爬上山坡。这里散落着野炊之后随地丢弃的塑料瓶和葡萄酒瓶，树苗在厚厚的沙土中努力生长。他俯下身用锤子敲打了表层的一块苔藓后，一大块赤陶土滚落到他的手中。当他把这些赤陶土交给我时，欣喜得像个孩子。

　　我手掌中的这块锯齿状岩石，已经在这里躺了 1000 万年到 1500 万年，从未被打扰过。500 万年前，一座火山喷发，将熔岩洒在这些赤陶土上，将其加热到远高于居里点的 700 摄氏度。赤陶土中含有大量的铁，每个铁原子都有四个不成对的电子，当熔岩覆盖时，它们变得过于炙热以至于失去了保留了数百万年的磁性取向。之后，当火山喷发完毕，它们再次冷却，又根据当时当地的磁场强度和方向重新做了排列。赤陶土中有足够的不成对电子与地球的磁场排列对齐，岩石的磁流动的方向于是也被锁定在了地球磁场的方向上。实际上，这些赤陶土变成了一个被外壳包裹的磁铁。

　　回到白吕纳的年代，当他将发现的赤陶土样品带回位于克莱蒙费朗的实验室时，遇到了一些麻烦。赤陶土太易碎了，把这些近乎于完美的样品完整带回去是个不小的困难。他还发现，经过加热和时间沉淀后再次冷却的岩石，其磁倾角所指的方向和他所认为的北方是完全相反的。这与他用凿子凿开覆盖于赤陶土层上面的玄武岩之后发现的事实是一样的。

因此，白吕纳得出了结论：当赤陶土被加热后再次在熔岩层下经过冷却之后，磁北极与1905年地球的北极完全相反。1906年他发表了他的发现。1906年，J. J. 汤姆森因发现电子，第一个亚原子粒子，获诺贝尔奖；1905年，阿尔伯特·爱因斯坦发表狭义相对论，为现代文明中枢神经系统的电磁基础设施奠定了理论基础；1920年，质子被发现；1932年，中子被发现，那是电磁学发展史上非常值得纪念的时光。直到第二次世界大战之后，提出未配对自旋电子，磁现象才被人类比较充分地理解，地球磁场逆转这个科学现象才变得无可争议。

但在1906年，白吕纳提出地磁极曾经逆转太令人震惊了，大多数科学家都难以相信。之后的几十年，他们一直嘲笑白吕纳的这个观点，甚至质疑地球的岩石是否是可靠的磁场记录。那个时候，他们也没有弄清楚地球磁场的磁偏角、磁倾角和强度变化的方式、原因和程度等，地磁场可以逆转方向的观点意味着他们错误地估算了磁力本身的特性，更何况也没有证据支持地球磁场逆转。且不说这是一个革命性的、前沿的想法，它简直就是在攻击科学自尊心。被嘲笑很正常，因为最终说服科学界的确凿证据还隐藏在地壳、海底和地核深处，尚未被发现。

白吕纳没有再发表过关于磁场问题的文章，尽管他仍继续研究这个问题。1910年5月8日，星期日，天气很恶劣，天空下着鹅毛大雪，他刚从康塔尔勘测完矿场回到克莱蒙费朗，疲惫不堪。尽管如此，他还是在午夜时分离开了拉巴内斯观测台，去看附近镇上的公民选举结果。不久之后，在塔楼附近的古老街道巡逻的警察发现一名男子倒在地上，失去知觉。他就是白吕纳。他们将他送回家，但他脑出血严重。最终，于 1910 年 5 月 10 日星期二中午去世，享年 42 岁。

他没能活着看到新的观测台两年后建成并投入使用，没能活着看到他那令人惊讶的磁场逆转理论最终被证实，没能发现地球的磁场方向在历史上不仅倒转了一次而是几百次，也没能活着看到从绕地球轨道运行的卫星源源不断传输回来的数据，这些数据显示如今地磁场变得日渐不稳，南半球的一部分磁场已经改变了方向。他永远不会知道地球的磁时代是以他的名字命名的。他更不可能知道，在他去世后的一个世纪里，科学家们争论两极是否即将再次逆转。抑或，当地磁极倒转时，人类建造的巨大电磁基础设施将处于怎样的危险之中。他也再无可能看到科学家们正在努力理解磁极倒转对地球这个旋转着的巨大磁石上的生命意味着什么，是否是人类文明的灭顶之灾。

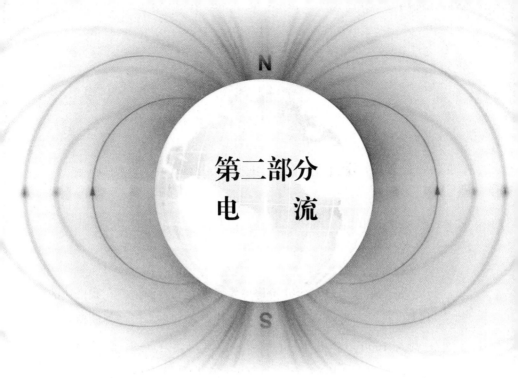

第二部分
电　　流

　　我们的物理世界将不再是动力学、热学、大气学、光学、电学、磁学这些碎片的简单集合，而是我们用来拥抱世界的完整系统。

——汉斯·奥斯特，1803 年

第十章　在哥本哈根进行实验

哥本哈根的玻尔研究所是现代物理学的发源地，在我抵达的那天，玻尔研究所布置得非常有现代艺术气息。大楼外面覆盖着一排与 1000 多公里外的欧洲原子核研究实验室——欧洲核子研究中心联动的 LED 灯光。亚原子粒子在地下大型强子对撞机的磁场中被拉扯、碰撞时，这些 LED 灯就会亮起，至于哪些 LED 灯会亮，以及发亮的时间和节奏，取决于欧洲核子研究中心里这个原始宇宙的机械复制品中相互碰撞的粒子的种类和方式。艺术家觉得，这个暗褐色墙上的 LED 灯就像在弹奏宇宙诞生之初的交响乐。

这座庄严的红色屋顶实验室和办公大楼是为了纪念丹麦物理学家玻尔于 1920 年建造的。玻尔在大楼建成两年后获得了诺贝尔奖。玻尔为人类勾勒出了原子内部结构首个简单形象：电子在原子核周围无秩序地跑来跑去，组成原子核的质子和中子紧密联系在一起。玻尔第一次窥视了原子的结构，他的研究所成为世界各地理论物理学家的圣地。在两次世界大战之间的敏感时代，当时的物理学家们正在努力分裂原子核以制造原子弹。而研究所的地址，以 19 世纪哥本哈根洗衣店名字命名的漂白池路 17 号，对物理界来说就像福尔摩斯和侦探小说粉丝们眼中的伦敦贝克街221B 一样。该研究所于 2013 年被欧洲物理学会认定为历史文化遗产，这里曾见证了物理学的巨大突破。

安德鲁·D.杰克逊，一位幽默的理论物理学家在门口领我进去。他对这个地方的传奇故事习以为常，他咧嘴一笑，指着楼上，那里有建立了量子力学而获得诺贝尔奖的德国天才物理学家维尔纳·海森堡用过的浴缸。在带我进他的办公室之前，杰克逊轻笑着问，是否想上去看看那个浴缸。

杰克逊带有家乡新泽西口音，主要研究的是更令人费解的——有时是纯概念化的——原子的部分，这部分并不包括在玻尔最初关于原子的设想。他曾写文章论述神秘的亚原子结构，比如斯格明子和孤子。但是几年前，一个偶然的机会让杰克逊和他的丹麦妻子，英国文学学者凯伦·杰尔韦德研究起了 19 世纪丹麦科学家汉斯·克里斯蒂安·奥斯特（Hans Christian Ørsted）。奥斯特解决了电磁学方面的重要难题，不可避免地改变了物理学的发展之路。

1993 年夏天，哈佛大学的科学历史学家杰拉尔德·霍尔顿（Gerald Holton）在丹麦访问朋友。朋友在哥本哈根南部拥有一栋中世纪城堡，室内书架摆满了各种书籍，霍尔顿发现了一本极为罕见的奥斯特著作的初版（奥斯特于 1851 年去世）。事实上，霍尔顿已经在 1980 年获得了著名的奥斯特物理教学奖章，他还专门做演讲公开谴责人们无视奥斯特的贡献。一方面是因为奥斯特主要是用丹麦语和德语写作，很少作品被翻译成英文；另一方面是因为直到去世，奥斯特的想法都不为大众所接受。但不可否认的是，他的工作展现了19世纪科学从浪漫主义到现代主义的转变。没有比这本著作更适合向世界介绍奥斯特的成就，霍尔顿自言自语地说道。城堡主人听到了，作为回应，她与霍尔顿分享了她打算传播奥斯特遗作的想法。城堡主人与物理学家和科学历史学家亚伯拉罕·派斯（Abraham Pais）是很好的朋友，派斯曾是阿尔伯特·爱因斯坦的同事，也是玻尔的助手。派斯和杰克逊每天都一起共进午餐，他知道杰克逊夫妇正在寻找一个可以利用他们的语言和科学技能优势的新项目，于是派斯建议杰克逊夫妇翻译奥斯特的作品。

杰克逊与妻子杰尔韦德被称为奥斯特在英语世界的代言人，他们将他的科学、文学、诗歌和哲学作品翻译并出版，帮助人们了解他的思想和生活。（"根据我的经验，大多数优秀的科学家都是浪漫主义者，而且非常孤独。"杰克逊向我解释，试图帮助我进一步理解奥斯特的生活。）他们翻译了奥斯特重要的科学作品，还极力研究了奥斯特的信件，这些信件是奥斯特19世纪上半叶在他的八次欧洲旅行中写给家人的。奥斯特的信件是哥特体，用鹅毛笔写在非常薄的纸张上。油墨早已浸透了纸，他还喜欢在单词下面划线标示重点，杰克逊叹着气告诉我，一度由于担心邮资，奥斯特只用几乎只有常规字体一半大小的字体写信。这些都导致翻译的难度大增。

不仅如此，奥斯特的信件还有被故意删减和修改的部分。奥斯特的女儿玛蒂尔德在1870年发表了奥斯特的信件，在这些信件中，她删去了她父亲第一次订婚的信息。1801年，奥斯特承诺迎娶他导师的女仆。然而，1814年，奥斯特最终迎娶了玛蒂尔德的母亲，英格尔·比尔吉特·巴林（Inger Birgitte Ballum）。奥斯特的这段不为人知的爱情往事便隐匿在历史中了，直到杰克逊夫妇通过其他信件等还原了这段隐秘关系的关键证据。

奥斯特的旅行生活和职业生涯恰逢 19 世纪上半叶群情激昂的几十年，后来这段时期被称为丹麦的黄金时代。在 19 世纪的最初几年，约 10 万人口的哥本哈根经历了两次大规模的火灾和英国军队毁灭性的炮击。这个城市急需重建，在这个重建的过程中催生了一个跨越建筑、文学、音乐、视觉艺术和科学的创作浪潮。著名童话故事大王汉斯·克里斯蒂安·安徒生（Hans Christian Andersen）是当时最著名的人物之一，也是奥斯特的密友。

奥斯特在丹麦的黄金时代闯荡。他的信件显示，通过他的四处游走和不断增长的名声提升了丹麦在欧洲的地位。杰克逊承认，奥斯特总是习惯夸耀他与名人的关系，其中最知名的一位是在 1823 年 7 月 4 日爱丁堡会面的沃尔特·斯科特爵士（Sir Walter Scott）。

奥斯特的旅行也让他有机会接触到当时在欧洲流行的关于磁性的想法。在 1823 年的旅行中，奥斯特就对地球的磁场进行了测量；随后在 1846 年他的最后一次旅程中，他乘坐轮船沿着泰晤士河从伦敦前往格林威治，途经了滑铁卢桥、黑衣修士桥和伦敦塔桥，在一封写给家人的信中他激动地讲述了旅途中所见到的著名的地磁台站。

1827 年，他作为丹麦代表前往德国汉堡附近的阿尔托纳（Altona）参加世界上最顶尖的磁学会议。亚历山大·冯·洪堡，这位根据秘鲁米库潘帕村的磁场读数建立了第一个磁场强度相对测量系统的磁学领袖，以及后来研究出如何测量磁场绝对强度的杰出的数学家卡尔·弗里德里希·高斯也参加了此次会议。他们与奥斯特以及与会的其他人一起，提议建立世界上第一个全球磁测网络。1834 年，哥廷根磁测联盟正式成立，该联盟是第一个国际性的科学合作项目，也是如今欧洲核子研究中心的前身。

阿尔托纳会议的目的不仅想扩大测量范围，他们还推动了一项旨在最终确定地磁北极（由于历史习惯，这里其实是物理意义上的地磁南极）位置的计划。四年之后，即 1831 年 6 月 1 日，这个项目启动了。北极探险家詹姆斯·克拉克·罗斯（James Clark Ross）驾驶着他的小船和船员在冰天雪地里艰难前行，最终在现今靠近加拿大大陆的最北端，使用悬挂在丝线上的磁针发现了地磁北极的位置。他用石头建造了一块纪念碑来标记这个地方，并在此竖了一面英国国旗，宣称这里为英国国土。他能够发现这个位置，其实具有很大的运气成分。这是极点在几个世纪以来最接近南端的一次。自那以后，它几乎一直向北移动，目前正从加拿大境内往俄罗斯移动。

奥斯特的不为人知与法国的白吕纳不一样。人们只是不记得他广泛的科学成就。奥斯特变得举世闻名是因为 1820 年的一次实验，而非他几十年的科学探索。今天，哥本哈根的奥斯特公园以汉斯·奥斯特和他的弟弟安德斯·桑多·奥斯特（Anders Sandøe Ørsted）（丹麦宪法的缔造者）的名字命名。他创立的大学是如今跟踪地球磁场的一组卫星的数据测控中心；以他名字命名的卫星仍然在太空工作；奥斯特定律依然是物理学中电学的核心定律；而奥斯特作为测量单位也是磁学的重要单位；甚至还有以他的名字命名的奥斯特物理教学奖章。

那么他的伟大发现到底是什么？ 1820 年，在经过将近 20 年时间的探索后，他与那个时代占主导地位的科学教义相悖而行，进行了震惊世界的实验，实验表明磁力和电力在物理上相关联。这项研究迅速引发了整个欧洲的研究和追捧，启发了英国物理学家迈克尔·法拉第在接下来的十年中创造了一台发电机的原型，无意中引发了第二次工业革命。（有一个故事——可能是虚构的——据说法拉第在发明了发电机之后，被英国财政大臣问，电怎样才能具有实用价值时，法拉第打趣地回答说："先生，总有一天，你可以向它征税。"）随着时间的推移，法拉第的研究结果促进其他科学家进一步研究出了描述电磁理论的数学方程。可以说奥斯特的发现是科学史上罕见的高光时刻之一，它改变了之后发生的一切。

第十一章　非同寻常的亲密关系

几乎从科学家们研究电和磁开始，他们就认为这是完全两种东西。如今我们已经了解到磁学和电学现象不只相关，它们还是同一个事物的不同侧面，这就是为什么现代物理学家称这种宇宙的基本力为电磁力。理查德·费曼曾说过："磁和电不是相互独立的[1]，它们应该永远作为一个完整的电磁场被认识。"他用浪漫的方式形容它们，有着"非常亲密的关系"。

为了理解电力，我们必须回到电子和质子本身。电子带负电荷，质子带正电荷，电荷是电场的来源。如同磁场一样，电场是宇宙固有的，通过流体状的线条延伸出来，以特殊的方式移动。电场线和磁场线往往是齐头并进的，但这两个场之间依然存在一些差异。磁场线是在无限循环中不停运动的；电场线则有始有终[2]。电荷可以以电子和质子这样的独立粒子存在；自然界中已知的每个磁体都有两个极点：磁北极和磁南极，就像佩雷格里鲁斯在 13 世纪所发现的那样。磁铁无论大小都有两个磁极（科学家们一直在寻找磁单极子，但尚未发现它），这意味着没有与电荷对应的独立磁荷。

如果磁场不来自磁荷，那么磁场来自哪里？这个问题比不成对的自旋电子稍微复杂了一些。事实证明，磁场取决于电荷。虽然地球是地球引力场的来源，带电粒子是电场的来源，但带电粒子也是磁场的来源，只是带电粒子本身就会产生电场，它们只有在移动时才会产生磁场[3]。换句话说，静止的带电粒子只产生电场而不产生磁场，移动的带电粒子产生电场和电流，同时产生磁场。这可能意味着电流中有一束移动的带电粒子，也可能是原子内电子自旋。可以将这个模型简化到单个铁原子的规模，其负电荷的不成对自旋电子产生微小的循环电流。这意味着原子本身也产生一个微小的磁场。如果把足够多的这种原子放在一起，使微小的磁场排列成矩阵，彼此放大而不是相互抵消，就会得到一种磁性物质。实际上，正如费曼所说，所有磁力都是由这种或那种电流所产生的[4]。

阿尔伯特·爱因斯坦曾经指出构成"运动"的条件取决于人的参考体系。因此，假如人相对于静止的电荷也处于静止状态[5]，那么将只看到电场。如果人相对于静止的电荷处于移动的状态，那么将看到移动的电荷，和它产生的电流与磁场。如果人是静止的，而电荷是运动的，道理也同样适用。这完全取决于人看待事物的角度，正如爱因斯坦所说，这一切都是相对的。

围绕电磁力的争议最终在爱因斯坦这里画上了句号。但它已经跨越了千年的历史，在神话、宗教、实验和数学这些学科中穿梭，所有这些学科中的发现都是彼此的另外一面，这个事实实在太让人惊讶了。试想一下，"电磁"这个名词，曾经就是奥斯特创造的众多词汇之一，这个词汇被创造的时候就蕴含了威廉·吉尔伯特500年前创造的"电"这个单词，还有3000年前古代英雄国王马格尼斯的故事，以及几个世纪以来科学思想的演变。但如果我们可以像变魔术那样抹去词汇中所嵌入的历史和隐喻并重新命名电磁力，那么根据我们今天所了解的物理学知识，我们会给它一个新的名称，清楚地表明磁和电的同根同源。

电磁力是整个宇宙的基础，在每个原子中发挥着重要作用。电磁场可以表现为波动或振动，可以是任何长度。通过光和颜色的方式人可以看到这些微小的波，这意味着从定义上来看光也是一种电磁波。出于一种天然讨喜的对称天性，似乎电荷在大多数时间都保持着彼此平衡的关系，所以宇宙从整体上来说是呈电磁中性的。大多数时候，我们甚至都不知道我们生活在如此强大的电磁力之中。

一方面，电流由带电粒子产生；另一方面，电流也是运动中的电子。科学家们意识到的最早的电力形式就是今天我们称之为静电的东西。火花是静电，闪电也是，琥珀的摩擦会吸起一丝绒毛，这种现象正是吉尔伯特最初给电力命名的根源。

你在头发上摩擦一个气球时，你也在制造着静电。气球会暂时从你的头发上偷走一些电子，使气球轻微带负电荷，你的头发略带正电荷。如果你把气球举过头顶，你的头发会飞起来与气球接触，因为头发的正电荷想要与气球的负电荷重聚，它们之间的力足以撩起你的头发。最终，电子从气球中慢慢消散，头发也随之回落。我们把气球中的橡胶称为绝缘体，因为它不容易传导电荷，绝缘体还包括玻璃、木材和塑料等。当绝缘体捕获额外的电子时，它们会像气球那样存储电子，而不是将它们推到其他地方，因此绝缘体还可以将相反的电荷彼此隔离。

18 世纪末 19 世纪初的科学家们发现他们可以使电流动起来。那时，科学家认为电是流过电线的流体，好似一条奔流的河流，因此被称为"电流"。现今，我们所说的电流其实就是经过插座和电线的传输而使灯亮的东西。那么这是如何实现的呢？我们可以利用电磁场通过被称为导体的物质将电子推动，并使它们从一个地方移动到另一个地方。人体就是一个导体，其他的导体还包括最外层全满轨道中至少有一个自旋电子的金属，例如我们用于电线的铜。老式的白炽灯泡曾经有一个金属钨带，用于收集电子并加热金属，产生热量和光，而新款的 LED 灯泡，好比玻尔研究所的艺术展示墙，则是利用电子跃迁时以微小光子的形式释放出来的能量来发光，这些光子都是极短的电磁波。

所有这一切的关键在于，虽然电磁力是宇宙的基础，伴随宇宙的诞生和演化，但利用这种力量制造电流的过程则只有大约两百年的历史，而迫使巨大的电流流入庞大的传输系统，就像现代电气基础设施所做的那样，大约只有一百年的历史。作为一个社会，我们投入大量的时间、精力和金钱来保持这些电力系统的运转。但是，当地球的磁场在地球的核心内不安分地扭曲变化时，电气传输系统本身就将处于一种无人能想象的风险之中。在科学家正准备开始了解它的特定环境下，这个星球人造的电力传输系统还可能会被切断。

第十二章　装满了闪电的瓶子

　　伴随着磁学之路潜在的神学风险和惊人的利益回报，人们对于磁学充满激情的探索也已经持续了好几个世纪，但是对于电学的研究直到 18 世纪才开始真正萌芽。而且在 18 世纪，人们对于电学的研究也从来没有试图去质疑地球和太阳的相对位置或者是地球的真实年龄，它既没有赋予地球一个灵魂，也没有试图从圣经那里夺取权威，它是完全意义上的中立[1]。

　　早期的哲学家，包括从古希腊米利都压榨橄榄油获利的精明的泰勒斯，在研究磁铁吸引力的同时，也一并研究静电力。据说泰勒斯是第一个发现摩擦琥珀——蜜色的树脂化石，就可以吸附一些轻小谷糠。公元前 7 世纪的希腊妇女偶尔会用珍贵的琥珀纺锤纺羊毛，这个过程会出现静电，其中一些纺锤的实物今天仍然可以在博物馆的藏品中看到。

　　但是对于大多数古希腊和中世纪的研究人员来说，静电似乎比磁石更为无常。在某些时候，你摩擦琥珀会产生火花，但有些时候又并非如此。有时，羽毛或谷壳会暂时附在摩擦过的琥珀表面上，但潮湿或下雨的日子，任何故意制造火花或吸引谷糠的努力都会失败。今天我们知道无论是产生火花还是吸附谷糠都是静电现象的一种，电子从原本的轨道中脱出，产生轻微的电荷并暂时停留在其他轨道。当琥珀等材料受潮或遇到周围的空气非常潮湿时，水就会充当电子的导体，将它们带走并防止它们积聚成火花。在早期研究人员的心目中，电力并不是理解宇宙的关键。这是一种温和有趣、稍纵即逝、难以理解的奇妙事物。因此历史上从没有过电学十字军运动的发生。

威廉·吉尔伯特，即前文提到的英格兰女王伊丽莎白一世的御医，曾经对电力表现出了持续的实验兴趣。在为 1600 年出版的《论磁》做研究工作时，他发现了地球的磁力深埋在其内部核心，还顺便研究了琥珀的摩擦起电现象。他发现，除了琥珀还有一系列其他物质，比如黑玉和钻石，也可以在摩擦时吸引轻小的谷壳。他将这种现象称为"电力"，但将其视为一种劣于磁力的力弃之一边。他认为，准确说是他错误地认为，地球每日的自转和每年的公转都是因为磁力的作用。

物理学史的启蒙巨匠艾萨克·牛顿，在 1687 年发表了他对引力——磁力之外宇宙的其他四个基本力之一——的数学描述，其中未深入探讨静电。不过，静电依然让他着迷，17 世纪后期他进行了大量试验并试图诠释这种力量。1675 年 12 月 7 日致新伦敦皇家学会（现在的皇家学会）改善自然知识体系的报告中，他用令人费解的方式详细描述了在一块摩擦过的圆形玻璃下面放一个黄铜环，最终让非常薄的三角形碎纸片在玻璃下面起舞的实验。可惜皇家学会并没有按照他给出的步骤实验成功，之后学会的研究员回信给他 [2]，询问更多的实验指导，最终用硬野猪鬃摩擦玻璃，实验成功。

正如现代美国历史学家 J. L. 布隆所解释的那样[3]，牛顿的笔记证明即使是当时最有成就的自然哲学家依然对电的了解甚少，即使是那个时代最杰出的数学家对静电噼啪作响地起舞也毫无头绪。

1733 年，法国贵族军人家庭出身的查尔斯·弗朗索瓦·德·西斯特纳·迪费（Charles François de Cisternay du Fay）第一次尝试系统地汇总整理欧洲各地有关静电力的发现。当时，之前所有实验都显示出了分散而不连贯的结果，因此迪费想梳理这些研究，试图发现其中的规律。

他的第一个发现是，除了液体和柔软而无法擦拭的东西之外，所有的东西都可以通过摩擦制造静电。这意味着只要以正确的方式摩擦一个物体并且保证它是干燥的，就会产生静电。那静电又是如何转移到其他物质的呢？迪费发现要通过接触和靠近。他还附带说明：接收电火花的物质必须放在不导电的物质上，即绝缘体。于是，这个如今被称为迪费规则的静电法则统治了之后的电学数十年。

迪费的实验也使他确信存在两种类型的静电，就是现在常说的正电荷和负电荷，就像在头发上摩擦气球，气球就会带负电，头发会带正电，因为气球从头发上获得了电子，而头发失去了电子。只是当时迪费错误地认为，一种物质只有一种电荷，而不是现在认为的两种。

到了 18 世纪中叶，电学已不再是科学技术的旁门左道，它正式成为了主流科学的一部分。有两个重大发现改变了人们对电的看法。第一个是莱顿瓶，以荷兰大学城莱顿命名，是人类历史上的第一个电容器，能暂时将静电储存在玻璃容器中。第二个是美国外交官、科学家本杰明·富兰克林用风筝捕捉到闪电。

当时，电学研究人员常常戏称自己为"电工"（"electricians"），即使在当时，他们不仅瞥见未来可能会使用电力参与社会生产，他们也意识到电力与暴风雨天空里的壮观景象有着某种深刻的联系。1755 年瑞典乌普萨拉大学物理学教授塞缪尔·吉斯迪尔奈（Samuel Klingenstierna）说过："40 年前，人们对电力一无所知[4]，只知道其最简单的作用，电被认为是一些物质的一个不重要的属性，谁会相信它可能与自然界中最伟大和最重要的现象比如打雷和闪电有任何联系呢。"

第一个重大进步发生在 18 世纪 40 年代。根据迪费的研究结果，实验主义者经过几年的时间已经能够通过摩擦产生静电的电击，他们还尝试做出更强大和更强烈的电击脉冲。虽然当时另一些电学研究者认为他们已经知道了有关电力的所有知识，没有必要再进行进一步的研究，但仍有人依然想要确定电到底是否是一种流体，它们是否能够被罐子储藏和运输。后来的电力历史学家指出，在那个时代的许多电学研究者认为这是一个很荒谬的目标，就像把一束光装在肥皂泡里一样荒谬[5]。

但是在 1746 年 1 月，莱顿大学的哲学教授，具有传奇色彩的荷兰物理学家彼得·冯·马森布罗克（Pieter van Musschenbroek）[6]取得了一些突破性成就。那时，他刚刚拒绝了皇室支付的大笔学费，拒绝去教欧洲几位求知若渴的国王，选择重复一位律师的实验。这位律师是一位业余科学家，曾在冯·马森布罗克的实验室里工作。这位业余爱好者并不了解迪费的规则——要充电的物质必须放在绝缘材料上，于是他手里拿着一个装满水的罐子，用静电使其通电，触摸带电的电线，然后就起火花了。

两天后，冯·马森布罗克重复了这个实验。他将一个金属枪管用丝线悬在空中，枪管下面挂了一个玻璃球，将枪管与起电机相连。一名助手迅速转动起电机，另一名助手负责稳住它，这样就不停地将电荷沿着枪管向下传送。连接枪管末端的是一根黄铜线，再把线引入一个盛了些水的瓶子里。冯·马森布罗克用右手拿着瓶子，左手试图在铜线上找寻火花。结果静电带来的巨大电压传导至右手，他全身颤抖，好像被闪电击中一样。

由球体和枪筒之间摩擦所产生的带电电子穿过金属和黄铜线内的不成对电子，收集在玻璃瓶内部，由于玻璃不能进一步传导电子而被聚集在那里。电线成为其中一个电极，冯·马森布罗克高导电率的右手则成为了另一个电极。至此，这当中都还是同样的电荷，直到冯·马森布罗克用另一只手触碰电线，电线上的电荷伴随着巨大的电压差，穿过电线直接来到了冯·马森布罗克的体内，这个实验确实有触电的风险。事实上，后来这个仪器以冯·马森布罗克当时居住的城市命名，也就是莱顿瓶，一度被广泛用于实验中杀死实验动物。

冯·马森布罗克用拉丁文给法国科学家莱奥姆尔（René Antoine Ferchault de Réaumur）写信[7]，提到了这个实验。他仍然惊魂未定，颤巍巍地写道："我希望告诉你一个新的、可怕的实验，我建议你无论如何不要亲自去尝试。"即使把整个法兰西王国都给他，也不会再重复这个可怕的实验。"总而言之，这个实验到此为止。"他随后写道。

更重要的是，冯·马森布罗克在当时其实并不明白他做了什么。该实验违背了迪费的规则，因为玻璃球下没有绝缘材料。"我已经发现了太多关于电的事情，以至于我现在理解不了也无法解释。"[8]他在给莱奥姆尔的信里进一步说道。

莱顿瓶是一种启示，无论是对科学的探索还是对上流社会的娱乐。此后人们将莱顿瓶改良，内部和外部表面各涂一层铅代替罐子里的水，作为两个电极[9]。只要人不用导电的物质去触碰接入瓶子里的电线，电就可以在电池内停留数小时甚至几天，然后再放电。不仅如此，"电工"们很快就意识到他们可以将一个莱顿瓶连接到另一个莱顿瓶上，可以不停增加莱顿瓶，将它们连接起来使电流更强大。它就像一个相当笨重且短寿命的电池原型，与现代电池不同，这种电池的电力来自于摩擦而不是化学反应。

这些瓶子在18世纪的启蒙运动中熠熠生辉。正如剑桥大学科学历史学家帕特里夏·法拉（Patricia Fara）所解释的那样[10]，制造电力成为当时国际上的一种潮流。似乎一夜之间，人们觉得他们可以控制生命的火花。这让人感到充满力量，令人无比陶醉。

然而，这个实验很危险[11]。尝试复制马森布罗克实验的市民和研究人员常常伤到自己，实验中出现流鼻血，短暂瘫痪，虚弱和头晕的症状，这是今天我们认为遭遇高压电击的症状。莱比锡大学物理学教授约翰·温克勒写道："我的身体因它强烈抽搐。""它让我的血液流动加速，我以为我发烧了，所以使用了一些可以降温的药品。我觉得自己的头非常重，好像有石头压着它。我有两次鼻子出血，这完全出乎我的意料。"

这时，新的问题一个接一个地出现了。人们通过摩擦产生的电或者火与自然界的电是一样的吗？闪电似乎与莱顿瓶产生的火花相似，那它们是否存在什么内在联系？或者说这两者是完全无关的？商人、知识分子、政治家、科学家本杰明·富兰克林下定决心要找到答案。

富兰克林因其代表宾夕法尼亚州起草了《独立宣言》，在美国独立战争中的外交努力以及其诸多发明（包括仍以他的名字命名的炉子）而闻名。同时他也是一位国际知名的自学成才的"电工"，他设计了巧妙的实验。1753 年，"因对电力的实验和观察"被授予科普利奖章，这是当时的最高科学奖，相当于今天的诺贝尔奖。

1745 年，一位美国科学家朋友从伦敦给富兰克林寄来了一根做实验用的玻璃棒，信中朋友激动地提到当时所有的欧洲人都在客厅里期盼着演示新的电荷实验。他们真是生活在一个"奇迹时代"[12]。富兰克林对电流开始有了兴趣，他热情高涨，先自学了整个实验，然后又向家里的客人展示，甚至还把这些教给他的邻居，鼓动邻居召开关于电的奇闻逸事知识讲座。从邻居讲座的宣传海报判断，这简直就是一场狂欢[13]。海报宣传词写道，"采用电力驱动的奇妙机器，能用八个音阶演奏各种曲调""穿过十英尺深的水，能让火花释放出十一响礼炮的炮台。"

对于富兰克林而言，电不仅是娱乐。他还进行了一系列严密的实验探索电还能做些什么。有一次，他小心翼翼地拆解了莱顿瓶[14]，以辨别它究竟是哪一部分带有电荷或"功效"，就像 18 世纪神学家、科学家、教育家、电力历史学家约瑟夫·普里斯特利那样。和迪费一样，富兰克林也认定一切事物都是天然带电的，电力有负，也有正，且趋于保持平衡。他说物质可在外力的驱使下失去电力的平衡并因此而放电。他还声称电荷既不会被创造也不会被破坏，它们只会四处游走。即使富兰克林和迪费还未能用"移动电子"一词来表达，这些观察却是非常敏锐的。这种基于观察的逻辑推理精神也在几十年后引导自然学家查尔斯·达尔文完成了举世瞩目的发现：物种进化，适者生存。甚至在格雷戈尔·约翰·孟德尔发表关于基因的研究结果时，基于观察的逻辑也为生物形态变化的机制提供了最基础的认知。

富兰克林最被后人熟知的实验是他用风筝捕捉闪电的实验，它并不像有些人说的那样偶然，而是他多年来一直在进行的电学研究的延续。他想要确定闪电与聚集在莱顿瓶中的电是否为同一件事情。1752 年 6 月，暴风雨席卷费城[15]，他用丝绸做了一只风筝，用雪松木做了骨架，骨架上连了一根电线，并用一根非常结实的绳子牵引风筝，绳子末端挂了一个用丝绸包裹的金属钥匙，钥匙连接着莱顿瓶。当闪电照亮天空，一些电荷击中了电线（不太可能完全被闪电击中，因为这可能会置他于死地），穿过电线，接着穿过钥匙，最后填满了莱顿瓶。事后富兰克林发现它与其他莱顿瓶所含的电荷毫无二致。至此，富兰克林第一次向世人证明了天上的闪电与人造电是一模一样的。

闪电的奥秘今天仍在探索中[16]。但基本来说闪电是一个巨大的静电火花。随着冰雹、冰和过冷水滴在暴风云中相互碰撞，它们也在摇晃着松散的电子。这些电子在低悬的冰雹周围聚集，在云层底部产生大量的负电荷，而带正电的冰晶向云顶移动。当负电荷积聚得足够大时，就会有一条长长的静电朝着大地或者另一朵云的方向移动并裂开来 [17]。随着电流的移动，它的热量使空气闪着光并突然膨胀，引起电闪雷鸣。

费城的冒险其实是富兰克林第二例成功的闪电实验。他的第一例实验则没有那么圆满，发生在费城之前一个月的法国。根据富兰克林的指示，两名法国研究人员在教堂尖顶上搭了一根金属杆，然后等待闪电的降临。当闪电来临时，助手勇敢地用带玻璃把手的黄铜线戳了一下金属杆。他们擦出了火花，就像莱顿瓶里的火花一样。这是一个非常危险的实验，在当时其他试图以这种方式捕捉闪电的实验者都受伤了，至少有一人因触电致死。

富兰克林之后还利用实验结果四处游说，高层建筑尤其是教堂都应该安装金属避雷针，避雷针与金属电缆或电线相连，直通地面。他正确地推断，这样一根金属棒会收集闪电并将其输送到地面，在那里它会无害地消散（现代电插头中的地线同理）。富兰克林这么做是为了保护建筑物和人们免受电击和雷电引起的火灾的伤害，但这在当时却引起了争议，特别是法国，在法国人眼中闪电是上帝生气给人类的惩罚，转移闪电意味着颠覆上帝的旨意。

尽管电力还不能做更多的事情，但是它纯粹的奇特视觉感受，以及它与闪电有关的事实让当时的人们着迷。莱顿瓶和静电发生器在当时蓬勃兴起，成为那个时代的重要话题。在英国王室 [18]，人们不再跳舞，转而进行"电的娱乐活动"；在法国，弄臣让·诺莱特，迪费的弟子，用180名士兵充当导体，让他们一起跳跃，只是为了让国王路易十五开心。有着特殊嗜好的英国人经常给他们的客人用带电的金属餐具，看到客人因电击而颤抖他们就特别高兴。英国人斯蒂芬·格雷吊起一个教会学校的小孩，让电火花通过他的身体，羽毛都飞向男孩，这个"悬挂男孩"的把戏让围观者目瞪口呆。还有个广为流传的笑话，有人为国王的画像通了电，任何一个用手指去弹国王皇冠的共和党人都会被震到。

　　所有这些令人震惊的把戏富有娱乐性质，但电力可以被制造，供家庭和企业使用，取代人类和马匹的工作，可以塑造一种完全不同的文明，这在当时都还是不可想象的。而这些可以收在瓶中的火花可能与磁铁有关，或者它们可能以某种方式与原子的内部或地球核心中的液态金属相关，这就更加超出人们的想象了。

第十三章　药剂师的儿子

汉斯·奥斯特并不相信原子论，甚至，他大半生都在驳斥"原子论"的想法。他认为原子没有生命。它们根本无法塑造出他所看到的大自然的辉煌。不仅仅是原子论无法承受这份荣耀，在他的观念里，大自然与人类的精神是交织在一起的[1]。两者总是在相互促进，相互塑造。它们是上帝思想的动态表现，而不是毫无生命的小小粒子。

奥斯特是从德国哲学家伊曼纽尔·康德那里获得这些信仰的，康德学说曾经激发了欧洲人对浪漫主义的热爱。奥斯特从大学开始接触康德学说，并且十分痴迷。康德思想帮助奥斯特确定了他将要解决的问题，塑造了他解决问题的方式。无论是好还是坏，奥斯特都在用他的实验来证明康德所支持的一些想法。

安德鲁·杰克逊在尼尔森·玻尔国际学院办公室的电脑前一边自我放松，一边告诉我奥斯特并不是当时唯一一个痴迷康德的科学家。康德于1804年去世，是最后一批对科学思想和实践产生深远影响的哲学家之一。尼尔森·玻尔国际学院是玻尔研究所内相对独立的科研中心。杰克逊的双手交叉在他的深蓝色衬衫前面，眼神充满着喜悦。他参与建立了这个学院，并把这个学院打造成了欧洲最好的现代理论物理学院之一。（杰克逊说道："我们的目的就是让大家看到，聪明人总是希望与其他聪明人一起工作，所以我们的工作就是让他们能够聚在一起，做他们想做的事情，而我们只需站在旁边为他们欢呼就可以了。"）杰克逊在普林斯顿大学拿到了实验核物理学博士学位，之后在纽约州立大学石溪分校教授理论物理。20 世纪 90 年代中期他来到了哥本哈根。他曾与 19 世纪一些伟大的物理学家们并肩学习过，包括以引力波理论而闻名的基普·索恩和已故的罗伯特·迪克。（"我认识他们 50 年了。"杰克逊说道。）

　　杰克逊和很多其他科学家（包括奥斯特）一样，是一个涉猎广泛的知识分子。与他坐下来聊几个小时总能听闻许多匠心独具的观点，这种感觉就像是与一位哲学家兼科学家在科学思想，历史文化和文学史上进行一次优雅而闲散的旅程，时不时还会稍作停顿，聊一些故事里的主人翁。（"里特特别爱大声地咆哮。"杰克逊笑着说道。他指的是德国物理学家约翰·威廉·里特，1810年去世时才 30 多岁，他对奥斯特影响很大。）因为杰克逊的兴趣广泛，如今他成为玻尔档案的管理者。他和太太还把英国剧作家迈克尔·弗雷恩（Michael Frayn）于 1941 年所写的多次巡回演出的舞台剧《哥本哈根》翻译成了丹麦语，剧本的蓝本是第二次世界大战期间玻尔和海森堡（Heisenberg）之间关于原子武器的一次会谈。

　　杰克逊是一个交际很广的博学家，而他的研究对象奥斯特却有着浪漫主义时代特有的气息。当时，许多人认为科学不是一个独立的领域，而只是神学领域的一个分支，比如奥斯特就将他的科学著作称为"文学作品"[2]，是宗教崇拜的一种形式[3]。他的科学思想不依赖于原子或粒子，而是依赖于康德的观点，即物质依赖于两种基本力：引力和斥力。引力将物质聚集在一起，斥力又让聚在一起的物质不至于坍塌。对于康德来说，任何人观察到的一切现象都可以追溯到这两个力。它让人想起我们对宇宙四种基本力的现代理解：引力、强核相互作用力、弱核相互作用力和电磁力。杰克逊耸了耸肩表示，如今看来在某种程度上，康德也没有错得很离谱。

正因为奥斯特是如此虔诚的康德信徒，因此他得出的结论是，在自然界中观察到的所有力都源于相互推拉的这两种基本力。这意味着他相信自己能够找到所有力之间的联系和互动。不仅是电和磁，还有光和热，动能和空气。自然界中的各个方面都以某种方式联系在一起，自然界中的各个方面都可以表现出更高一级的内在秩序。杰克逊解释说，这种想法类似于泛神论。由于奥斯特首先认为它们都是相互联系的，所以他的目标就是找出它们相互联系的方式，并提出一个可以解释这一切的统一理论。由于这种压倒一切的自然哲学以及对实验的信仰[4]，在 19 世纪初，奥斯特被视为欧洲科学界的一个进步性人物，而且略带革命色彩，他也是丹麦黄金时代的重要参与者。可在其晚年，世界继续前进，他仍然故步自封，坚守自己的哲学信仰，被世人认为彻底被时代落下了。

奥斯特对科学的兴趣始于化学。我们知道化学反应是原子将自身重新排列组合成新物质的反应，从现在的眼光看，一个公开反原子论的人居然会是化学家，实在匪夷所思。但是对于奥斯特来说，化学反应被模糊定义为两种力的内在平衡扰动与平衡恢复。

奥斯特对化学的热情始于他父母在丹麦南部的朗厄兰岛（Langeland）鲁德克丙城（Rudkøbing）的药店。汉斯·克里斯蒂安·奥斯特在 11 岁的时候，便在父亲的指导下开始配制药品。杰克逊夫妇在 2015 年夏天骑自行车游览了朗厄兰岛，这是他们第一次看到奥斯特出生的地方。杰克逊翻阅着电脑中规整的文件，向我展示这次旅行的照片，其中有一张药店的照片。奥斯特的父母当年也把它当旅馆经营，照片中，旅馆里的黄铜容器仍然闪闪发光，便签整洁有序，随时准备用来盛各种神秘的化合物。

在 18 世纪晚期，因为父母在药店的工作非常繁忙，汉斯·克里斯蒂安·奥斯特和弟弟安德斯·桑多·奥斯特经常在白天被送到街上的一位德国假发制造商和他的丹麦妻子那里照看。杰克逊也拍了他们家的照片，一个有倾斜屋顶的朴素的建筑，目前依旧保存完好。在当年，丹麦的时间是根据约翰·哈里森著名的 H-4 航海钟的复制品设定的，它解决了经度问题。那时，会有一个计时员将航海钟带到丹麦全国各地，人们再根据这个基准时间将他们的时钟设置为"丹麦标准时间"。丹麦标准时间一直使用到 1940 年德国军队入侵，接着丹麦时间就被改成了德国时间。杰克逊开玩笑说，如今，丹麦人仍然会说他们用的时间是跟德国借来的。

如今，一个超过真人大小的奥斯特雕像被矗立在鲁德克丙城宏伟的广场上，他的双手紧握在发福的身前，长袍一直拖到膝盖，身上的马甲扣得整整齐齐。在奥斯特的时代，鲁德克丙城太小，没有学校，兄弟俩只能从他们的父母和假发商人那里接受教育。这两个男孩对知识如饥似渴，能说多种语言。一个学了什么，立即教给另外一个。虽然没有接受当时丹麦的主流教育，他们所受的这种教育也是非常零散的，但是他们都成为了哥本哈根大学的优等生。

安德斯·桑多投身法律，最终成为了丹麦首相和著名的法学家。汉斯·克里斯蒂安则致力于化学和药学，并于 1797 年从哥本哈根大学毕业。但令他懊恼的是，化学在当时被认为是一种低等学科。事实上，康德认为化学不是科学，而只是一种机械过程，没有他所谓的直觉或真正的科学中所要求的那种显而易见的真理背后的逻辑。奥斯特在当时的使命之一就是让化学这个学科本身成为一个正当的学科，并不比物理学和医学低级。

两位彼此不合的意大利科学家通过发现当时被认为是"化学电"的东西，帮助化学这个学科提高了在科学中的地位。其中一位是产科医生路易吉·伽伐尼（Luigi Galvani），如今向钢、铁上镀锌的保护电镀以他的名字命名，另一位则是亚历山德罗·伏特（Alessandro Volta），如今他的名字因为"伏特"、"电压"和"伏打电池"而广为人知。

伽伐尼于 1798 年去世，生前曾在博洛尼亚接受临床医学外科和解剖学的培训。他对身体如何获得生命这个问题非常着迷。到底是什么赋予身体生命呢？像那个时代的其他人一样，他好奇电力这个新现象的本质。好奇电力发出的嘶嘶声是否意味着电力本身充满生命的力量？电力是否可以让诸如《圣经》中的拉撒路那样死而复生？当时的很多研究人员开始对死去的动物甚至是人体进行通电实验，试图让他们起死回生。

小说家玛丽·雪莱（Mary Shelley）在 1818 年所写的《弗兰肯斯坦——现代普罗米修斯的故事》（*Frankenstein, or The Modern Prometheus*）中描述了通过电力复活生命的故事。普罗米修斯是古希腊神话中的泰坦神族的神明之一，他从宙斯手中盗取火种给人类。为此，普罗米修斯遭受了残酷的惩罚，他被锁在悬崖上，他的肝脏被凶恶的鹫鹰啄食，日食夜长，日复一日。在雪莱的小说中，疯狂的维克多·弗兰肯斯坦用从屠宰场、解剖室和殡仪馆里搜寻到的腐肉和骨头拼接了一个巨人，这个巨人"十指污秽，体内却蕴含了人类的大量秘密"。最终，弗兰肯斯坦怒不可遏，"收集了创造生命的工具"，并最终"在巨人体内注入火花赋予其生命"。

对于当代读者来说，这种"火花"应该被理解为那些工具所创造的静电电流。最终实验奏效了，弗兰肯斯坦创造的怪物栩栩如生："它用力呼吸，一阵痉挛驱动了它的四肢。"虽然弗兰肯斯坦像上帝那样创造了一个生命，但他却很讨厌自己创造的这个怪物。这个怪物摧毁了弗兰肯斯坦并杀死了他所爱的大多数人，也包括他新婚之夜的新娘。后来这个怪物厌倦了自己制造的流血杀人事件，独自离开，最终灭亡。这部小说被认为是第一部英文科幻小说。但它又像一个道德故事，是对人类或者普罗米修斯的电可以取代上帝的想法的否定。

伽伐尼的实验不是让动物起死回生，而是探究身体的神经系统和大脑的奥秘。当时，因为本杰明·富兰克林的风筝实验，研究人员知道了人造静电和闪电在本质上是同一种东西。但是包括鳗鱼和灯笼鱼的某些动物，似乎也会产生自然电击。那这也是一回事吗？还是说这是一种天生的、上帝赋予的完全不同的生物电力？

伽伐尼用绵羊和青蛙做了试验，包括活的和死的[5]。有一天，他正在一台机器附近用被解剖了的青蛙做静电实验。这只青蛙正躺在富兰克林板上，这是本杰明·富兰克林发明的一块用金属箔包裹的玻璃板，就像一个改良的莱顿瓶。伽伐尼不小心用手术刀碰到了青蛙腿上的神经，青蛙的腿便会随着电机释放出来的火花有节奏地抽动。受到这个现象的启发，伽伐尼尝试了不同的实验方法，比如将青蛙和绵羊的四肢固定到铜环上，再把铜环挂到铁杆上。但只有当两种不同的金属同时使用时，才会出现放电现象。

伽伐尼得出结论，他发现了一种新的电。他称之为"动物电"，并声称动物体内有一种电流从大脑经过神经流向肌肉，肌肉就相当于动物体内的莱顿瓶。事实上，伽伐尼所发现的电流，是由化学反应引起的电荷在金属中的流动。

虽然伽伐尼拥有大批支持者，但当时的一些科学家却对此持怀疑态度。其中就有伏特，帕维利亚大学的实验物理学教授。伏特重复了伽伐尼的实验，他很快意识到诀窍在于两种不同类型的金属和某种溶液。伏特表示，不是动物本身的电力引起了反应，而是动物身体中的含盐的液体使电流动。他嘲笑伽伐尼，说他不需要死去的青蛙，只需要一些湿抹布。但欧洲的科学家们依然存在分歧，一些人坚定地相信动物电，而另一些人则坚定地反对这种想法。

经过十年的实验，1800 年，在伽伐尼去世两年后，伏特终于有了突破性进展。他把锌和铜的薄片一层层堆叠在一起，用浸泡在盐水中的卡板隔开。这堆金属通过盐水作为介质发生了化学反应，盐水从锌片中获得电子并将其留在了铜片上。随着电子的移动，它们产生了电力。这在当时被称为"化学电"或"伽伐尼电"。

后来伏特发明了电池。如今我们用来为手电筒、手机甚至汽车等现代设备供电的电池都是伏打电堆的后代。事实上，法语中的电池用的就是原意为"堆积"的单词，这便是直接参考了伏特的金属堆和盐水浸泡的卡板。随着时间的推移，电池会耗损，因为化学反应会结束。而如果它们是可充电的，则意味着它们内部的化学反应可以逆转并可以继续产生电力。

伏特马不停蹄地用当时学术界通用的法语写下了他的实验并将论文发送到伦敦出版。作为自我营销的大师，他在余生中都享受着这一发现带来的福利，并成为了拿破仑的宠臣。他是世界上最知名，收入最高的物理学家之一。在当时欧洲各地的科学家们都热衷于制造伏打电堆，进行新的实验。

尽管如此，电究竟是什么？这个问题依然困扰着科学家们。是伽伐尼电还是化学电？与静电和闪电是否是同一种电？是否还有其他尚未发现的电的类型？奥斯特，这位新近出场的学者，在他 1799 年的博士论文中[6]试图证明康德的物理体系应该包括化学，他制作了便携式伏打电堆，可随时携带上路。杰克逊向我解释说，这在当时是最新的事物，每个人都想看看它。因此，在1801 年，带着这个伏打电堆和一笔旅行补助金，奥斯特开始了长达数年的国际旅程，他利用这个伏打电堆的新奇特性登堂入室，进入了当时欧洲最好的实验室和贵族的沙龙，甚至前往德国与作家约翰·沃尔夫冈·冯·歌德会面。

后来又有了伏打电堆的更新的一个版本，足以使奥斯特于1820年在哥本哈根大学进行他的伟大实验。奥斯特是位医学老师，同时也喜欢教授化学。根据他的康德理论，20年来，他一直在寻找电力和磁力之间的联系。但就其本身而言，这个想法在当时既有争议又极其大胆。欧洲主流科学界已经完全否定了电与磁之间可能存在任何联系的想法。就连当时非常著名的法国物理学家、计算出静电吸引和排斥定律的数学家、以其名字命名国际电荷单位的查尔斯·奥古斯丁·库仑（Charles Augustin de Coulomb）也公开宣称电力和磁力无关。（"其实这里涉及的数学很少。"杰克逊说道。）以其名字命名电流单位的法国物理学家、数学家安德烈·玛丽·安培（André-Marie Ampère），则公开嘲笑这种把电力和磁性联系在一起的论调。

但奥斯特依然在坚持。1820年4月，他正在准备为高年级学生提供一系列课程，并决定将整个课程用于探究电力与磁力之间难以捉摸的联系。更重要的是，他还打算在课堂上进行一项实验[7]，以证明它们是相互联系的。他原本想上课前私下先试做一次实验，但当天发生了些其他事情，导致实验没能进行。在去上课的路上，他原本放弃了现场证明的想法，但是等到了课堂上，一切都进行得很顺利，他还是开展了他的实验。他将电线连接到伏打电池上然后相互串联，在电路中产生电流，然后将其移到罗盘附近。罗盘指针移动了，但是十分微弱。流过电线的电流在电线周围产生磁场，罗盘则对该磁场起反应，这种情况之前从未出现过。班上的学生也没有意识到他们正在见证科学的历史。奥斯特感到沮丧，因为实验的结果毫不引人注目。

三个月后，他再次尝试这个实验。他确定需要一个更强力的电池，还为这个实验专门制作了一个新的装置——由连接在一起的 20 个伏打电池组成，这样电能就可以叠加。每个伏打电池都是一个矩形的铜槽，一英尺高，一英尺长，两英寸宽，槽内有两根铜条。铜条被折弯后，在其中放入一根铜棒，铜棒又托住了隔壁铜槽的一块锌板。奥斯特在铜槽中注水，几乎没过锌板，再添加少量硫酸和硝酸。从本质上讲，它是伏打电堆的改进版，更稳定，也能够容纳更多的化学溶液。他将一根电线与铜槽末端相连，用现代术语讲这就是电池的正负极，然后再把电线首尾相连。这就形成了一个封闭的电路，电流通过电线流出。铜和锌之间通过硫酸和硝酸作为介质发生化学反应，产生电。简而言之，电子不停流动，使能量在电线中穿行，电线中积聚了足够的能量从而使电线本身发光发热。

接下来，奥斯特将导线水平地悬挂在罗盘的磁化针上方，并与磁化针平行。导线越靠近针尖，针尖从通常的朝北位置向西移动得越远。如果他将导线放在针的下面，指针则向东旋转。无论用什么类型的导电材料，罗盘指针都会旋转。即使在电线和指针之间放置玻璃、金属、木材、水、树脂、陶器或石头或它们的组合，也都不会阻止指针的旋转。这就无可争辩地证明了：电和磁之间存在某种先前未被认识到的物理联系。

总而言之，奥斯特细致地做了 60 个版本的实验。他非常关心其他人对他实验结果的看法，因此他常常在杰出科学家面前展示他的工作，而他们可以证明他的实验过程和结果合理而准确。（"此时他知道这个实验有多重要吗？"我问道。"当然！"杰克逊点头说道。）1820 年 7 月 21 日，奥斯特在一本四页的小册子中发表了他的结果，包括证人的姓名和背景，驿站马车将其送到欧洲主要科学社团，期待这一结果被广泛接受。

奥斯特在实验中使用过的罗盘如今在埃尔西诺的丹麦科学技术博物馆展出，这里的城堡因作为莎士比亚悲情的丹麦王子哈姆雷特的戏剧背景而闻名。博物馆在一个没有暖气的工业谷仓里，有点类似于飞机库。（"那里没有太多可以展示的东西，可以展示的又没能好好展示。"杰克逊遗憾地说。）可以先乘火车然后再转公共汽车到达那里，从哥本哈根向北行驶，穿过幽暗森林这种典型的北欧景观，这种森林让人想起"小红帽"里的哥特式氛围。

这个罗盘有一个漂亮的黄铜外壳，安装在精心弯曲，高度抛光的深色木质底座上并用玻璃罩子罩着。可以想象这个罗盘给学生或是对奥斯特大加赞赏的科学家们留下了多么深刻的印象。奥斯特为实验精心制作的电池的复制品就摆放在旁边气派的木桌上。两排十个铜电镀槽放在黑色的桌面上，上面还有一些化学反应残留的白色碎屑；固定在两侧前端的是木制主轴，通过电线连接到电堆的末端；同时电线还连接着桌子上的另一组主轴，最后串起了所有的主轴，悬挂在罗盘上方。这个巨大而笨重的装置，被搁置在杂乱无比的博物馆的通风角落里。

在附近的玻璃房间里，陈列着奥斯特实验室和他故居的展品，还包括英国物理学家迈克尔·法拉第给奥斯特的一盒玻璃和金属材料。高高的木托上有个正在旋转的地球仪，放在桌子上的烛台是奥斯特亲自制作的，保证晚上也可以工作。还有奥斯特家人的照片和藏书，包括两本《圣经》，一本被棕色皮革装饰，磨损要为严重，另一本红色和金色相间，装订精美，以及他反复阅读的沃尔特·斯科特爵士所写的《岛屿之王》。汉斯·克里斯蒂安·安徒生为了纪念奥斯特所写的一首诗的副本存放在这里。

在一侧隔间展示的是一份他的颠覆性发现的论文副本，用当时正式的科学语言拉丁语撰写，名为《电冲突对磁针有影响的实验研究》(*Experimenta circa effectum conflictus Electrici in Acum magneticam*)，排版精心，大字体印刷，看上去相当大气权威。

杰克逊告诉我，奥斯特的发现在当时立即引起轰动。他在书架前窸窸窣窣翻着，试图找一份奥斯特的著作给我。终于，他找到了一本，从架子上取下来：这是一个软书皮装订的，一英寸厚的册子，由丹麦语和英语写成，其光滑的白色封面上绘制着中年奥斯特肖像，胸前挂着奖章，双手交叉在他的肚子上，看起来自信而平和。这本书名为《力的原理》(*Theory of Force*)，是他生前未出版的一本关于动力化学的教科书，直到 1997 年他的手稿才在伦敦的一个古籍书店被发现，书里面有奥斯特在 1812 年写下的笔迹。杰克逊夫妇在几年后翻译了这本书并于 2003 年出版问世。我计划第二天去哥本哈根市中心拜访其出版商——丹麦皇家科学院和文学院，看看我是否可以买一本。杰克逊直接把书递给我，让我一定收下它。

奥斯特 1820 年的实验和论文不仅对当下产生影响，他的发现具有深远的革命意义。人们在当时无法预料，无法想象，也无法解释磁力为什么会呈现环形。在磁铁上方，导线让磁针偏向西方；在磁铁下方，磁针则偏向东方。这意味着磁力在以一个环形的方式做运动。法拉第的传记作家 L. 皮尔斯·威廉（L. Pearce Williams）解释说，在奥斯特的实验之前，科学证明的力都是直线的。而这种曲线的力"要破坏整个牛顿科学的结构"[8]。

在得知奥斯特的发现三个月后，安培便推导出了一个数学模型，用于描述电流如何产生磁场，然后安培写信给法拉第，询问他对此数学表达的看法。（安培是一个非常傲慢的人，杰克逊说。）但是法拉第无法读懂其数学表达因此表示反对。

杰克逊告诉我，在 1821 年 2 月，安培的一个持有沙文主义观点的朋友写信追问安培为什么是一个丹麦人而不是法国人发现了这个现象，毕竟法国人的磁学研究历史、专业技术和科研设备都是当时世界上最好的，之后安培反过来追问库仑这个问题。库仑向安培保证电和磁之间不可能有联系，安培只能给他的朋友回信说因为法国人并没有观察到这个现象。（杰克逊耸耸肩向我建议道："永远不要相信公认的看法。"）

几个月内，奥斯特的论文被翻译出版，从伦敦到巴黎，从日内瓦到莱比锡，再到罗马。在伦敦皇家学会会长、化学家汉弗莱·戴维（Humphry Davy）力荐下，奥斯特获得了当年的科普利奖章。整个欧洲大陆的科学家都在复制奥斯特的实验，一些人甚至举行公开实验以说服持怀疑态度的人。1822 年，奥斯特开始了杰克逊所谓的横跨欧洲的"凯旋游行"，与不同的科学家会面并讨论他的宏伟发现。同年，他一直坚持的化学是科学一个分支的观点也获得了一定的认可。他获准建立不受医学院束缚的化学实验室，并获得了丹麦第一个 [9] 全职化学教授的职位。

杰克逊在办公室的黑色桌子上摆放了自己的设备，向我展示了让奥斯特在历史上占有一席之地的那个实验。一个透明的塑料盒内放了一个可以用作迷你直尺的指南针，指南针的顶部用红绳打了个结，这样方便挂在皮带扣上。旁边则是一个简易的黑色塑料盒子，里面有两个简单的金属端口，一个标记正号，另一个标记负号，还装着一块五号电池。负极连着一根带有黑色塑料绝缘层的电线，正极连着的则是红色绝缘层的电线。整个装置可以轻松放入裤兜。杰克逊剥去了电线末端的彩色塑料绝缘层，并把裸露的两端相连，这便制成了一个电流线路，然后将它们放置在指南针上方几厘米处，与指针的方向平行。针接着从正北转动到西北约 25 度。无论他相隔多久连接电线产生电流，指针都会转动。移动的电荷产生了让指南针响应的磁场。

他说："这就是奥斯特的实验。"

我们并不需要一串铜槽或发光的金属线或稀释的酸性液体，只需一个便利店可以买到的电池就能够完成这个实验。然而，正如科学历史学家 [10] 杰拉尔德·霍尔顿所说的那样，这一发现"将物理学本身开辟为一系列统一的理论和发现，没有这些理论和发现，科学的现代状态将不可想象"。

之后，法拉第解决了下一个难题：不仅移动的电荷会产生磁场，移动的磁铁也会产生电场。它是当今使用的每一台发电机的理论基础。杰克逊也向我展示了这个开创性科学时刻的基本实验。他拿着一个与他身体平行的一英尺长塑料管，并在其顶端塞入一个强磁铁。正如你所料，磁铁迅速滑落，从塑料管的底部落入他的手中。然后他用铝制的塑料管替换塑料管并重复实验。这一次，磁铁穿过管子的速度比之前的要慢得多。

杰克逊说："而这就是法拉第的实验。"

那么到底发生了什么呢？杰克逊解释说：随着磁铁移动，它在金属管中产生了感应电流。该电流产生了自己的磁场，和磁铁自身磁场的方向刚好相反。相反的磁极彼此排斥，这就是为什么它需要更长的时间才能从管子滑落。

虽然奥斯特的发现立即就被学术圈接受，但他对其内在原理的解释却遭到了当时学术圈的反对。奥斯特通过他的康德主义将其解释为力与力之间的相互排斥，但这种粗略的解释对任何试图理解它的法国和英国科学家都没有太大的意义。事实上，奥斯特似乎很难描述清楚自己的想法，多年来他一次又一次回到这个课题，但也只是略微增加了一些来之不易的条理性。他于1823年在巴黎旅行期间花了三个小时试图向安培和其他法国科学家解释他的想法，但结果并不令人满意。（"安培鄙视他的德国康德哲学。"杰克逊评论道。）奥斯特在给妻子的一封信中说，法国人似乎并不同意这种哲学与科学的结合。在伦敦，法拉第坦率地承认他并不理解奥斯特的解释，就像他并不理解安培的数学一样。

在1851年，当奥斯特的生命接近尾声时，奥斯特对康德自然哲学的持久信念已经跟不上当时科学发展的步伐。科学家们不再像之前浪漫主义那么地坚信是上帝在创造万物。更现代主义和更实证的理解正在慢慢出现，而这种思潮为19世纪末20世纪初的发现铺平了道路，包括原子结构的发现。奥斯特的巨著《自然的灵魂》，是他在1848年用英语出版的一个绚丽的哲学对话书，但对于阅读过它的少数英国科学家来说，这本书是非常令人反感的。在接下来的十年中发表了物种进化与自然选择理论的英国自然学家查尔斯·达尔文称《自然的灵魂》是一本糟糕的书，而他的观点基本代表了那个时代大部分的英国人[11]。曾经处于科学思想前沿的奥斯特已经被边缘化，而他的大部分工作也都被后来人摒弃了。

第十四章　装订商的学徒

　　迈克尔·法拉第曾经长期生活和工作的皇家学会位于梅菲尔，这是伦敦著名的高档街区，是当时英国贵族进城时最受欢迎的地段，这条街的大部分房产都归威斯敏斯特公爵所有，因此他也是当时世界上最富有的人之一。现在如果想要去那，可以从白金汉宫出发，一路漫步，穿过水仙花点缀的格林公园（皇家公园之一），走过位于皮卡迪利的丽兹酒店，就来到了阿尔比马尔街。这条街的名字是以一位荒淫无度的公爵命名，他生前拥有这块区域的一座庄园，17世纪晚期他把这个庄园卖给了开发商以偿还债务。到了阿尔比马尔街，会看到各种各样应接不暇的艺术画廊，那里有豪华的古董波斯地毯店，有美国时装设计师亚历山大·王的旗舰店，以及专门为剑桥公爵做衣服的英国设计师阿曼德·维克利的小店。穿过橱窗里满是奢华珠宝的博德尔斯（Boodles）商店，便来到了我们此行的目的地阿尔比马尔街21号。

　　1812年春天，迈克尔·法拉第生平第一次在这里找到了人生的方向，恰如当时在哥本哈根撰写动力化学教科书的奥斯特一样。这一年法拉第刚满20岁，尚不属于该地区所欢迎的那部分权贵阶层。事实上，他离成为权威人士尚远之又远，当时的他只是一名没有接受过正规教育的熟练订书工，日后要成为一名图书商人。但他对科学有着浓厚的兴趣并通过在书店里阅读那些等待装订的书籍时自学了一些基础知识。他最喜欢的书之一是简·马塞特（Jane Marcet）所写的《化学对话》[1]。这是针对大众的入门级带有插图的科普丛书中的一本，内容多数为老师 B. 夫人和她的两个学生艾米丽和卡洛琳之间的对话。然而这并不是当时大学的经典读物。

成立于 1799 年的皇家学院比法拉第还要年轻几岁，在当时为了扩大日不落帝国的利益而将"应用技术"纳入了科学的体系。毕竟当时无论是农业技术、采矿技术还是航海技术都迫切需要科学的支撑。作为推动科学民主化和筹集资金的一部分，皇家学会为公众举办了付费讲座。法拉第有幸在那里听到了其中一个讲座。

演讲者是皇家学院当时的明星科学家汉弗莱·戴维。他不仅是一位有魅力的演说家，同时也是一位俊美的男子。他英俊的外表使他在伦敦的女性中俘获了大批追随者，其中就包括简·马塞特，法拉第最喜欢的简·马塞特的书便是基于戴维的讲座写成的。戴维的演讲在当时实在是太受欢迎了，阿尔比马尔街因此被改造成了伦敦的第一条单行道，以此来应对由戴维出场所引发的交通拥堵。但是 1812 年的春季讲座却成了戴维的最后几次露面。这个康沃尔木匠的儿子，孜孜以求并如愿以偿实现了阶级跨越。那一年他被封为爵士，在认识了极其富有的爱丁堡寡妇简·艾普利斯（Jane Apreece）几天后就与她成婚，自此衣食无忧。成为贵族之后，戴维便打算从众口难调的公共舞台上隐退。

法拉第偶然获得戴维讲座门票[2]，这也是科学史上最具传奇色彩的机缘巧合之一。藏在剧院画廊的钟后面，法拉第听得如痴如醉，仔细做了笔记。接下来用了几个月时间，他整理出了戴维讲座的详细内容，还用精美的插图做装饰，最后发挥他擅长的装订技巧把这一切完美地装订成册。在圣诞节前不久，法拉第鼓起勇气将它们送到戴维那里。在此之前，戴维因为在一次实验室爆炸事故中伤了眼睛，法拉第已经临时担任了一段时间戴维的助理抄写员。在圣诞节前夕，戴维高兴地给法拉第写了一封感谢信。1813 年 3 月，戴维的实验室助理打架被解雇，法拉第取代了他的职位，虽然这份工作的薪水不及他之前的那份学徒工的，但之后的几十年他改变了科学的进程。戴维曾在他的化学实验室里发现了一系列元素，包括钠，但是他太低调谦虚了，以至于并不为人知。他曾经打趣地说，他的最大发现是法拉第。

很少有人比今天皇家学院的收藏主管、科学史教授弗兰克·詹姆斯更了解法拉第卓越的科学生涯。詹姆斯从伦敦帝国理工学院拿到博士学位便获得了皇家学院的这份工作。尽管他在我们见面后谦虚地说他的博士论文其实只有半章是关于法拉第的，但他后来成为了法拉第一生中 5053 封信的编辑。他花了 25 年的时间阅读了相当六个门挡厚的资料，在此过程中，詹姆斯仔细研究了法拉第在整个职业生涯中所做的实验，为法拉第撰写了许多介绍他工作和生平的书籍、论文、期刊文章，还举办了多次公开讲座。在公众心目中，詹姆斯已经成为了法拉第的化身。一幅为詹姆斯量身定做的油画现在在皇家学院地下室的法拉第博物馆中陈列，画中詹姆斯穿着维多利亚时代服装，坐在法拉第最初的磁学实验室里。

我之前写信给詹姆斯，约他见面，以便他可以帮助我理解法拉第在奥斯特的实验之后如何将磁力和电力的概念最终统一起来。因此，尽管那天我重感冒，还是赴约去见了他，我们聊天的时候，他带我去皇家学院的豪华咖啡馆喝了一杯早餐拿铁。这栋建筑如今被认定为历史遗产，部分是基于法拉第在此所做的工作。这栋建筑在新千年的第一个十年经历了一次耗资巨大的翻新，现在从咖啡馆可以俯瞰玻璃和钢结构的闪闪发光的电梯，从大楼的开放式中心上上下下穿过。在电梯的上面是一圈明亮的办公室，下面是法拉第档案馆和法拉第博物馆，这两个地方的翻新就是詹姆斯负责的。整个工程还包括了法拉第当年进行磁力实验的实验室，这座实验室在 19 世纪 20 年代被法拉第接管前，一直是佣人房。

詹姆斯对我说，正是奥斯特的那篇 1820 年通过驿站马车送给戴维的论文将法拉第拉入了电磁学的世界。法拉第的天赋使他摆脱纯粹的实验室助理工作，逐步开始在皇家学院进行自己的实验。奥斯特的论文在当时引发了许多人进入到这个新的领域，1821 年，大家都对电流磁效应的机理感到困惑。在当时，法拉第的朋友，哲学年鉴的编辑理查德·菲利普（Richard Phillips）委托法拉第撰写一篇评论文章，向疑惑的科学界解释这种电磁现象究竟是什么。

法拉第翻阅了他能找到的所有资料。这简直就是一个矛盾信息的大杂烩。他发现奥斯特关于电流磁效应原理的解释让人非常难以理解。于是他转而在安培的数学描述中去寻找答案，但由于他从未接受过高等数学方面的训练（他曾将方程式描述为"象形文字"[3]），安培的公式对于他就是一种天书。最终他决定亲自动手实验来解决这个问题，他重复了那些期刊文章中描述过的所有实验，当然也包括奥斯特的著名实验。最后，他将自己的发现写进了菲利普的一系列约稿文章中，并谦卑地没有使用自己的真名，而是化名"M"署名。这是世界上第一份可以被大众所理解的电磁学解释。因此这些文章非常受欢迎，公众恳求文章的作者公开自己的身份。于是法拉第公开了自己的名字，第一次尝到了出名的滋味[4]。

当法拉第重复其他人的实验时，他已经开始策划自己的实验。其中最让他关注的是奥斯特的指南针在靠近电流时移动的原因。安培支持的传统思想认为指南针和通电导线彼此吸引和排斥，它们之间的力直接跨越了空间和距离，是一种超距作用。但法拉第怀疑是否是由于电线周围的空间中产生了一圈环形的力，也就是我们现在所认知的产生了一个场，是这个场导致了罗盘指针的偏转。显然，这对于奥斯特观察到的现象是一种可能的解释。

法拉第设计了一个精巧的实验来测试这个理论。1821 年 9 月 3 日，他用盆，一团蜡，一块磁铁和一些水银（这是一种电导体）作为实验道具，将磁铁北端向上用蜡固定到盆底，然后在盆里装了半满的水银。他在绝缘支架上挂了一根电线，这样它就可以在磁铁周围的水银中自由摆动。最后，他将电池一端连接到电线而另一端连接到水银制造了一个封闭的电回路。通电之后，电线便顺时针绕磁铁旋转[5]，流过电线的电流产生了磁场，该磁场与磁铁的磁场相互作用，使电线绕着被固定的磁铁旋转了起来。后来他调整了实验的变量，松开了磁铁并固定了电线，让磁铁漂浮在水银之中，通过绳子连接到盆的底部，将电线固定在水银盆的中心。当法拉第再次通电后，磁铁便围绕电线旋转。

这就是第一台电动机：由电流和磁铁将电能转化为了机械能。法拉第称它为电磁旋转装置。他似乎还不知道这样一台机器可以做些什么，他也无法预见我们现在所处的电气化世界，但他知道这很重要。这套装置强化了他的想法，磁力可以围绕磁铁旋转，并填充周围的空间。他将这个结果写进了他的实验室笔记本，并总结道："结果令人非常满意，但需要做一套更灵敏的装置。"[6]

但当他再一次把注意力聚焦到电磁学的难题上时，就已是十年之后的事了。

第十五章 磁铁产生的电流

　　我在这栋因法拉第而闻名的建筑里喝着拿铁，好奇着法拉第这位科学门外汉是如何在这里开始科学家的职业生涯。今天，这里随处都是法拉第的影子。他亲手制作的仪器、需要权限方能进入的、收藏了他所有笔记的档案室以及那些经久不衰的传说都吸引着无数后人。他的雕像被隆重陈列在这栋建筑弧形楼梯的底部，雕像神情严肃，披着学位礼服，手握他最著名的环形线圈。除此之外，另一个由 19 世纪雕塑家马修·诺布尔所雕刻的法拉第半身雕像原本陈列于这栋楼的另一侧。英国前首相玛格丽特·撒切尔对法拉第十分崇拜——撒切尔夫人和法拉第一样出生于工人阶级，和法拉第一样学习过化学，和法拉第一样的杰出，1982 年她成为英国首相后就借用了这尊半身像，并将其移到了唐宁街 10 号，使之成为游客进入唐宁街 10 号时看到的第一件物品。在法拉第通过慈善门票踏入皇家学会 170 年后，又重新披挂上阵，成为了英国人实干精神的最佳象征。

　　法拉第的地位经历了翻天覆地的变化，这不仅是因为他卑微的铁匠家庭出身，也和他的宗教信仰有关。法拉第和他的铁匠父亲一样，是一个萨德曼（Sandemanian）教派的信徒，这是一个正

122

统的新教教派，是严苛的苏格兰长老会（Scottish Presbyterianism）的一个分支。萨德曼教派的信徒为了纪念基督耶稣，每个星期天都要聚到一起进行洗脚礼，一起聚餐。他们喜欢彼此为伴，不喜欢与外人过多交流，同时他们也倾向于和自己教派内部的人结婚。萨德曼教派的信徒认为美好事物都在天堂里，他们不追求世俗的财富，更喜欢简朴的生活，乐于与穷人分享自己的所有。法拉第的传记作者威廉姆斯写道，他们相信自己会获得救赎，因此他们的内心是平静和充满喜悦的，"一种奇特的善良氛围"[1]萦绕着萨德曼教派的信徒。

詹姆斯解释说，在法拉第的时代，如果不是英格兰国教圣公会的信徒，一个人的职业生涯会受到很多阻碍。那时，牛津大学和剑桥大学的教授必须是圣公会教徒。除了信仰天主教的爱尔兰地区，海军和陆军军官（其中某些也是自然哲学家）也必须是圣公会的信徒。不仅如此，成为科学家这件事本身从一定程度上也是反文化的。根据詹姆斯的说法，1812 年的英国只有大约 100 人能够通过科学研究获得报酬，那一年正好法拉第去皇家学院听了戴维的讲座。那个时候许多献身科学事业的人都是有土地有封号的权贵阶层。而另一些人，比如戴维，则极力想要加入那个阶层。可法拉第不是这样的，他两次被提名皇家学会主席，两次他都谢绝了。他对这种世俗荣耀的唯一让步就是在自己人生的最后时刻从维多利亚女王的丈夫阿尔伯特亲王那里，接受了伦敦城外"恩典之屋"的馈赠，并在那里度过了自己人生的最后几年。

虽然法拉第的宗教信仰使他成为主流风气的局外人，但这也正是他成功的原因之一。这种非主流的信仰能够让他看到与众不同的东西。他有自己的信条去追求他的实验。法拉第从事科学研究，是为了了解他所相信的上帝创造的世界，对上帝的信仰贯穿了他对科学的理解。这种哲学观与相信泛神论哲学的奥斯特不同，奥斯特认为自然界的每一个方面都展示了上帝在创造世界时的伟大；法拉第则认为现实世界存在着错综复杂、模糊的甚至棘手的客观规律，这些规律控制自己周围的一切，而发现这些上帝预设的规律需要超人的智慧和一生的时间。

宗教信仰也阻止了法拉第信仰原子论，因为与他所理解的上帝创造世界的思想相违背。今天我们看到的物质是原子或分子的组合，而法拉第则将其看作是一块可以被分割成更小部分的材料。他对后来由玻尔所提出的被电子所包围的原子内部结构理论也没有任何概念。詹姆斯告诉我，出于类似的原因，法拉第厌恶"科学家"（scientist）这个称呼。科学家这个词汇来自拉丁语"scientia"，意思是"知识"，而法拉第认为这个词首先忽略了这个世界上帝的存在。法拉第更喜欢被称为"自然哲学家"（natural philosopher）或"科研工作者"（man of science）。

詹姆斯从咖啡桌边站了起来，准备带我去楼下的法拉第博物馆，他告诉我，人们从来都不知道如何去正确衡量法拉第的伟大，他们不知道法拉第的科学创意来自哪里。他们只能猜测或许是因为法拉第有一个非典型的背景，法拉第具有可以想象出自然是如何与人造设备相互作用的惊人天赋，能构想出适当的实验验证这些猜想，且不会被传统科学的理论束缚住手脚。所有的这些天赋都使他与众不同。詹姆斯表示，法拉第往往都是正确的，人们很难无视他的看法。

在博物馆入口处，首先展示的是法拉第最著名的自制实验设备，上面都贴有黄色的说明标签。1831 年 8 月的某一天，法拉第做了最具灵感的一次尝试，从磁力中获取了电力。法拉第在 19 世纪 20 年代的大部分时间都忙于戴维压在他身上的项目而无法自主进行其他实验。戴维当时是英国经度测量委员会的主席，尽管哈里森在 1759 年的 H-4 航海钟已经在技术上解决了经度问题，但英国海军仍在试图找出一种更便宜且更简单的方法让水手们都能够弄清楚他们究竟在哪里。因此委员会又把钱投在了天文观测上，而戴维决定让法拉第在观测领域为改进的水手望远镜制作更好的光学玻璃。对于法拉第来说这真是一项悲惨的工作。他甚至还要在实验室里搭个玻璃熔炉[2]。在这以后的生活中，法拉第花费了大量时间试图证明磁场的长期变化与温度升高或降低时大气中的氧气含量有关[3]。（其实他的思路错了。）但在当时，法拉第对地磁或经度并不太感兴趣。在 1829 年戴维去世后，法拉第很快就放弃了这个项目，重新开始了接下来将伴随他几十年的电磁学实验。

奥斯特的开拓性想法再一次给予了法拉第灵感。1801 年的欧洲之行，奥斯特看到了德国物理学家、音乐家恩斯特·克拉德尼（Ernst Chladni）的惊人创作。克拉德尼在小提琴上放了一块金属或玻璃薄片，在上面均匀撒上沙子，再用琴弓拉小提琴。结果这些沙子随着琴弦的震动呈现出了不同的几何图案，声音仿佛有了视觉效果。1806 年，奥斯特开始考虑声音和电流结合是否会产生类似的景象，并在平板上用细苔藓种子进行了自己的实验。法拉第读到奥斯特的文章后，1831 年初也加入了实验队伍。声、光、电都可以由振动组成吗？为了一探究竟，他设计了为期六个月的一组声学系列实验测试这一想法。实验结果令人惊讶：声音可以在空气中产生震动。这个结论打破了空气是空的这种说法。距离法拉第将电流视为一种波动，只差一小步了。1831 年夏末，他又开始了实验探索。

在电磁学历史性的那一刻之后 [4]，所有人都可以制造电磁铁。所需要的不过是放置一块铁块在线圈内，然后给线圈通电，铁块就变成了带有电荷的磁铁。但法拉第想做的却是相反的事情：用磁铁发电。他制作了一个锻铁圈，厚 7/8 英寸，直径 6 英寸；把它分成两半，其中一半缠绕了三根 24 英尺长的铜线，这种铜线与制作帽子的铜线相同，并尽可能紧密地缠在一起。因为导线匝数越多，电流的磁效应就越大。1831 年还没有绝缘线，他就用麻绳将线圈隔离来达到绝缘。他在第一层上面绕第二层线圈，再在第二层线圈上面绕第三层线圈，以此类推，并在每层间用印花棉布来隔热。他在环的另一半也做了同样的操作，并在缠了线圈的环上留了一些空间。詹姆斯告诉我，他估计制造这台设备大约需要十天时间。

今天，博物馆陈列的这些印花布已经褪色，还有些破旧，绳子也松了，但法拉第用这种简单设备进行的实验却是如今世界范围内庞大电气设施的基础。它是第一个变压器，能够使超高电压下快速移动的电子减速到足以在日常低压中使用的状态。今天，发电站的变压器可以让水能、太阳能、风能、核能和煤炭燃烧产生的电力以较低的速度注入台灯、电脑等其他电力设备。

在他实验的当天[5]，法拉第将缠绕了线圈的铁环的一侧连接到带开关的电池上，另一侧连接到一台检流计上，这是一种可以测量电流的装置；打开开关，来自电池的电流流过铁环一侧的铜线圈，产生磁场；铁环另一侧的线圈则只有轻微电流流过，短暂地使检流计偏转了一下，尽管强电流继续在另一侧流动，但检流计的指针又回到了中间的位置；当法拉第关闭电池时，另一侧的指针偏转再次显示出一小段短暂的电流波动，但这一次是在检流计的另一个方向上。法拉第的结论是，另一侧的电流不是磁场流动产生的，而是在磁场发生变化时产生的。在另一侧产生的电流也比原始电池的电流更弱，这正是整套设备作为变压器的基础。该设备在历史上被称为感应环，意思是它能感应到电流，虽然是间歇性的。

为什么磁流量的变化会产生电流呢？如果没有来自电池的电流，是否可以使用磁铁制造电力？三个月后，法拉第找到了答案。这是一个简单的实验，就像安德鲁·杰克逊在哥本哈根玻尔研究所的办公室里为我展示的那样。法拉第找了一个空心铁管，用棉线绝缘的铜线缠绕在外面，将铁管连接到检流计并将磁铁滑过铁管，检流计便可记录到电流。当他以反方向滑动磁铁时，检流计再一次记录到了相反方向的电流。事实上，磁铁移动时产生电场，电场将电子推入铁管外的铜线中，于是电场又产生了自己的磁场。如此一来，法拉第创造出了一台不再需要电源的发电机！

詹姆斯带我来到地下室的走廊。这里展示的是 1814 年 6 月伏特将近 70 岁的时候，在米兰送给法拉第的一个伏打电堆，这也是皇家学院的镇馆之宝之一。在人类制造的最早一批电池中，它看起来其貌不扬，大概一英尺高，放在高度抛光的木质底座上。戴维在当时希望能获得一个比这个电池更大、更强、更稳定的电源，于是他想了一个点子：就是把它翻过来。詹姆斯轻笑道。而这个点子也启发了奥斯特 1820 年那个著名的实验 [6]。

远处那幅维多利亚时代的画像便是法拉第的磁学实验室，如今这里被布置成 19 世纪 50 年代法拉第退休时的模样。这间实验室得以保存至今，并非因为法拉第当时是个传奇，而是出于偶然。法拉第于 1867 年去世后，一直都没有人愿意清理里面的材料，但到了 1931 年，也就是法拉第发明变压器和发电机一百周年之际，他成为了英国在创造现代技术中的标志性人物。人们开始着手清理他的旧实验室，也就是现在这间地下室，陆续发现了他使用过的仪器、化学品、各种实验瓶罐，甚至升降机。法拉第使用这些小型升降机来储存实验材料，升降机的门上还有当年的红色蜡封，表示法拉第已将实验的材料放进了这里。

在这些早期的成功之后，法拉第进一步地拓展磁力和电力的实验研究结果。詹姆斯解释说，他的贡献之一就是明确指出所有形式的电都是相同的，无论这些电是如何产生的。在那之前，科学家们普遍认为电力有五个不同的来源：静电（也称为"普通电"）、伏打电、动物电、闪电和热电。那么每种电在实验中是不是会产生相同的结果呢？法拉第仔细地研究了每种电的性质，进行实验测试，制作图表，最终证明它们都是同一种东西。

每次实验都更加坚定了他的想法，即磁力线充满了空间。这就像小学生常做的实验一样，将铁屑撒在一张纸上，然后把纸放在磁铁的上方，就会看到铁屑按照磁力线的方向来排列。1846

年 4 月 3 日，法拉第在公开讲座中介绍了这一想法，这是他在皇家学院举办的著名"星期五晚间讲座"之一。他原本安排了另一名演讲者来做讲座，但那个人在现场紧张结巴，法拉第只能临时上台替代他进行演讲。在法拉第完成当天的讲座之后，他发现还剩余二十分钟的时间。于是，他生命中第一次开始脱稿即兴演讲。现在回想起来，这真是一个意义非凡的科学时刻。法拉第召唤出了一个充满电力线和磁力线又或者其他力比如重力线的世界景象。它们是有物质性的，它们构成了物质。他描述的电磁场和其他场一起最终成为了量子场理论的基础概念。虽然法拉第可以用精确的，甚至是自创的语言来描述他所发现的东西，但非常可惜，他缺乏用物理学的通用语言，即数学描述他的发现的能力。

第十六章　充满整个空间的线

敢于打破常规的苏格兰物理学家詹姆斯·克拉克·麦克斯韦（James Clerk Maxwell）和法拉第不同，他懂数学。他阅读了法拉第那些关于电和磁的论文，然后将所有东西统一，并在 1861 年发表的一篇论文中写下了四个新的方程。这是人类第一次用数学描述电磁学。

麦克斯韦的工作比简单地将法拉第的发现翻译成数学公式要复杂得多[1]。为了完成这个工作，麦克斯韦专门做了更深入的研究，因为不只是电流会产生磁场，变化的电流也会引发磁场的变化。麦克斯韦想要通过数学去证明整个空间内都充满了独立于电流之外的电磁波。因此，电力是电磁力的一种表现形式，是电磁力的一个子集。这个结论是 18 世纪的科学家们所无法想象的。当麦克斯韦仔细阅读他的方程时，他意识到电、磁和光是彼此互相影响的因素。它们都是以光速穿越真空的波动，这个速度是他几年后计算出来的。这是法拉第梦寐以求并且已部分瞥见的无形物理场线的集合。终于，它被麦克斯韦用数学公式写了下来，以供所有物理学家使用。

麦克斯韦方程预测了电磁波可以具有任何的长度[2]。正如物理学家尼尔·图洛克（Neil Turok）所解释的那样，所有的电磁波都是彼此的延长版或缩减版。大多数的电磁波都是人类所看不见的，正如大多数频率的声波包括高频超声波都是人类所听不见的一样。我们可以看到的电磁波仅限于可见光频段[3]，让我们有了颜色的概念，它们比一米的百万分之一还要短得多。我们能看到的最长波长是红色，最短的则是紫色。但其实还有更短波长的电磁波，例如大型强子对撞机所产生的伽马射线就是其中的一种，当我在哥本哈根的玻尔研究所时，那里的大型强子对撞机的运动就可以照亮整个研究所的外立面；还有 X 射线。极长波，又被称为超低频波，这种电磁波可以穿透地球并可用于矿井中的通信。其他类型的波还有微波，可以让微波炉工作，也能使雷达工作。而比微波更长的用得更广泛的就是无线电波，可以用于手机、收音机和电视机的信号传输。然而，尽管它们看起来各不相同，但所有这些电磁波都可以用完全相同的数学公式来表达。这一发现为现代电气基础设施奠定了基础，也支撑了我们在现代世界中对于几乎所有能源和信息的使用。

最终，麦克斯韦的方程式直接催生了于 20 世纪 70 年代早期所发展的描述标准物理模型的数学公式。今天，如果标准模型的方程证明某些事情可能是真的，那么无论它看起来多么违反直觉，它都是真实可信的。这些违背直觉的发现包括了电子波粒二象性，以及在被发现之前被认为匪夷所思的希格斯玻色子。这对于科学思想的革命是巨大的，在电磁学研究之初，《圣经》是唯一的真理。像伽利略这样的自然哲学家违背权威将自己在自然的观察中与《圣经》相违背的部分发表出来。所有的数据和逻辑的推论都是非常危险的。后来，观测结果变得越来越重要，最好的科学实践一度是通过观测证明。而到了今天，因其惊人的预测性、精确度和抽象性，标准模型方程已经处于统领地位。观测虽然没有过时，但也已不是全部。

麦克斯韦方程在理论上连接了空间和时间[4]，这是一个难以置信的事实，也直接促成了爱因斯坦狭义相对论的提出，相对论明确指出了时间和空间并不固定。正如诗人所说的，光阴似箭。时间和空间都不是彼此互相独立的存在[5]。相反，它们是一个连续的整体，能够自我调整，确保光（也就是法拉第所说的微小的电磁波）速的恒定。

爱因斯坦于 1905 年在瑞士伯尔尼的一家专利局工作时，在《物理学年鉴》(*Annalen der Physik*) 上发表了他的狭义相对论。那是他同年发表的四篇非凡的论文之一，这一年被称为爱因斯坦的奇迹之年[6]。那一年他的工作改变了物理学家看待时间、空间、质量和能量的方式。同年，在西南几百公里外，伯纳德·白吕纳骑着马到达法国康塔尔的庞特法林，在那里他找到了古代的赤陶土层，证明地球的两极曾经发生过倒转。

我特别请求了詹姆斯给我看看法拉第在 1831 年那个天选之日的日记，那天的日记记录了感应环的实验。詹姆斯敲击密码板输入密码，随后我们进入了档案馆的内部库房，在这里不仅有法拉第的笔记，还有戴维和几个世纪以来其他在皇家学会工作过的科学家们的记录。而我们现在所在的地下室，距离法拉第当年的磁学实验室只相距几米。

盒子里的科学宝藏就在我们面前的金属架子上，它们整齐地贴着标签，体现了该机构的情感和精神核心。法拉第的笔记本用一些厚实的棕色纸板箱装着，带有可拆卸的盖子。詹姆斯稍微扫视了一下架子，便轻车熟路地从上面拿下了一个箱子，打开盖子，露出优雅的长方形棕色皮革笔记本，上面刻着金色的字，展示出法拉第早年高超的装订技艺。詹姆斯翻到笔记本 1831 年 8 月 29 日的部分，轻轻抽了出来。

詹姆斯漂亮的手里握着的、用棕褐色墨水所书写的正是法拉第对于那个让他发现运动的磁铁可以产生电流的实验细节，此实验打开了通往宇宙蜿蜒曲折的隐秘电磁学世界的大门。法拉第的笔记每一页都书写得十分整齐，几乎没有修改过，那一天笔记的右侧中部画着感应环的图像。

我似乎看到法拉第在实验室里笔直端坐着写下这些文字时的画面，可以想象他对那些看不见的谜团的困惑。从他身上我联想到麦克斯韦在格拉斯哥南部的苏格兰庄园中推导四个著名方程式的场景；在伯尔尼专利局的爱因斯坦重新想象空间和时间的本质的情景；白吕纳在克莱蒙费朗文艺复兴时期的高高的塔楼里，开始意识到地球的磁场变化是比任何人想象的都要更加难以预测的景象。

大约一百年后，他们的工作，以及数百名其他科学家的工作，将揭开令人惊叹、更加不稳定的电磁世界的现实。尽管我们现在都知道，即使随着量子物理学、粒子物理学、地球物理学、数学、计算机技术和卫星技术的进步，我们依然还无法预测地球的磁场将如何变化。但有一些证据证明，磁场的衰退速度比许多科学家预测的都要快，而且它的南端尤为不稳定。如果地球的两极准备再次颠倒位置，那么如今将电流输送到千家万户的电气基础设施就有可能遭遇毁灭性的打击。

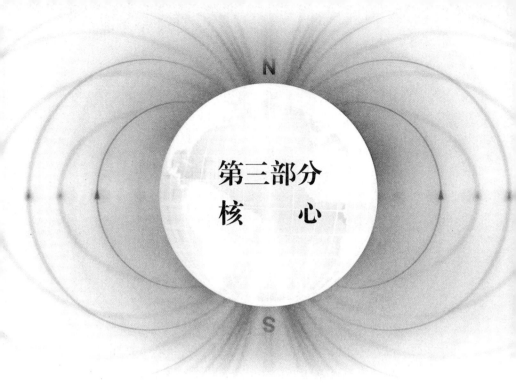

第三部分
核　　心

野兽的时代即将来临

它将潜入伯利恒，等待出生？

——威廉·巴特勒·叶芝，"第二次降临"，1919 年

第十七章　扭曲的环流

　　尽管夏日的傍晚炎热异常，法国南特会议中心仍然挤满了人，在那里聆听直至今日还在进行的探索地球中心的旅程。这个话题对于南特市民来说已经习以为常，它融入了这座城市的传说，这里曾经是作家儒勒·凡尔纳的故乡。1864年，他发表了科幻小说《地心游记》，书中他描写了一个性情暴躁的地质学家去地心探险的故事。凡尔纳虚构的这位地质学家在冰岛爬上了一座死火山，从这座火山直接进入到了地球的内部世界，他在居住着古老怪兽的地下海洋里经历了九死一生的冒险，最终通过地底热泉再次成功返回地面。今天在这里所讨论的地心旅程并不是文学意义上的，而是科学意义上的，它对生命和人类文明都有着深远的影响。

　　此刻，站在南特舞台上的是菲利普·卡丹（Philippe Cardin），法国南部格勒诺布尔大学的物理学家、研究地球内部奥秘的著名科学家。每两年，大约两百位该领域的科学家们都会聚集在一起举办盛会，而今年的会议就在南特举办。他们聚在一起分享最新的发现，今天是这个为期一周会议的第二天。卡丹被邀请去做唯一的一场公开讲座。

他是一个天才演说家，听众们坐在那里全神贯注，听卡丹娓娓讲述科学家们如何解开地球内部谜团。他想要明确传达的，不只是已经存在的状态。解读地球内部的秘密意味着要去了解地球初生时的阵痛、它的演变过程及未来发展。要明确地球是活的，曾经历了巨大的变化，它还将继续改变。在卡丹看来，他梦寐以求的目标就是能够预测地球接下来会发生的事情，而这绝非易事。

他演讲的方式，让我颇为惊讶。

卡丹把如今的地球内部科学探索者与那些古代的文学开创者归为一类。像凡尔纳，凭借他的科幻冒险故事在今天依然是这个世界上最受欢迎的小说家之一。还有 14 世纪的但丁·阿利吉耶里，集合了人类的想象形成了一个想法——下降到地底世界是一种下降到地狱的过程。在他的作品里，把大魔王路西法被放逐到了冰封地下世界的最底层，在痛苦的深渊中无法呐喊，无法动弹，无法被救赎。也有一些艺术家以相反的想法描绘地下世界：探索地下的未知世界就是在寻找身体和心灵的庇护之所，在那里他们得到了庇护，感受到了温暖，看到了奇迹。卡丹告诉他的听众们，科学家也同样被想象中的来自地球深处的诱惑所吸引，难以自拔。

一般来说，科学家们并不容易适应这种聚光灯下的生活。科学家很少承认他们的研究课题来源于他们内心主观的呼唤，也很少承认他们的工作需要大量的想象力。他愿意坦承来自科学的情感吸引，这点深深触动了我，我在演讲结束后的第二天就约了卡丹。我们沿着穿过南特的卢瓦尔河边走边聊，我跟他说科恩普鲁斯特曾带我去过庞特法林，还带我去看过白吕纳那些证明了地磁倒转的赤陶土层。他立刻变得滔滔不绝，他很熟悉科恩普鲁斯特，知道科恩普鲁斯特是法国地球物理学界杰出的元老级人物。出乎意料，他对白吕纳也相当了解，尽管前一天晚上他并没有在演讲中提到他。（"啊，是的，"他说，"也许我也应该谈谈白吕纳！"）几年前，科恩普鲁斯特曾经邀请卡丹在克莱蒙费朗附近的欧洲火山活动公园进行公开演讲，以纪念白吕纳伟大发现一百周年。之后正是科恩普鲁斯特关于那次活动的文章引起了我的注意。为了准备那次在克莱蒙费朗的报告，卡丹重新阅读了白吕纳的那些著作。即使在今天，卡丹仍然惊叹于白吕纳在 1905 年的见微知著。这就好比仅通过面前这条卢瓦尔河便想象出了从未见过的大西洋。

随着时间的推移，地球物理学家们研究的方向变为了去发现那些看不见的事物？地球是怎么来的？那块岩石是怎么形成的？这个星球的中心是什么样子的？为什么会是这个样子？他们会对地球中心进行科学研究而不似文学想象遵循其独有的线索。而这一切始于威廉·吉尔伯特，他在 1600 年成为了历史公认的第一个对这个星球的核心部分进行科学研究的人。吉尔伯特从他的地球磁石模型实验中得出的结论是，我们的星球是一个巨大的磁铁，具有磁性的灵魂，这个灵魂可以从其内部传递能量至表面。这是一个极具灵感的猜想，而且恰巧也是正确的。不正确的部分在于他认为地球本身作为一个巨大的磁铁是其旋转的原因。事实上，地球需要从内部区域散发热量，而这导致了内部带电地幔的运动，所以产生了磁场。而它的旋转有助于将磁场变成简单的双极结构，使我们可以将其用于导航。17 世纪后期，爱德蒙·哈雷进一步发展了吉尔伯特的思想，认为地球核心可能是流动的，其内部的变化是磁性灵魂不断变化的原因。哈雷的观点已成为普遍的科学共识。

从地球中心开始，磁场在无限循环中从北极向南极传播，并延伸到地球表面数万公里外，形成了我们所谓的磁层，它围绕着我们的星球并与宇宙中的其他磁场相互作用，包括太阳的磁场。地球巨大的电磁场在我们的星球周围形成一道屏障，抵御太阳风和宇宙射线。在朝向太阳的一侧，它被太阳发出的高能粒子压扁；而在与太阳背离的那面，磁场从地球中心流过以后，就会像乌贼触角一样四散开来，到两极的时候又会收紧。这种奇怪的结构是在地球诞生 10 亿年之后形成的，它保护着我们的星球免受宇宙高能辐射的破坏。它也是地球上能够存在生命的重要原因之一。

那么，我们星球的核心是如何产生最初的电磁能量的呢？就像我们宇宙中的其他一切一样，它起源于一片激荡之中，其中的关键就是未配对的自旋电子。

大约 46 亿年前，我们的太阳系只是宇宙中的一团尘埃和气体云团。然后发生了一些事件[1]，也许是附近的一颗超级恒星的爆炸，导致云团崩塌，形成了一片扁平的气体云盘和一些零星的碎片，其中一些物质不断聚集到中央，最终获得足够的密度并开始发生核聚变反应，这就是太阳的诞生。

虽然婴儿时期的太阳消耗了宇宙中的大部分物质，但仍然有大量物质围绕着它旋转，所以当这些物质相互撞入彼此时，就在每一个轨道上聚集成了成千上万的小行星。这些小行星就是我们太阳系中地球及其兄弟姐妹们的前辈。这些原始行星有些由冰块组成，有些则由岩石组成。太阳附近温度过高，并不适合所有的行星，只留下了四个岩石构成原始行星，它们后来变成了水星、金星、地球和火星，开始绕太阳运行。更远的气体构成的行星则成为了木星和土星，最远的则是主要由冰构成的天王星和海王星（科学家最近在柯伊伯带中的新发现或许暗示了神秘的第九大行星，或许在奥尔特星云里还有一颗行星）。

然而，这些行星依然在不停地堆积。随着行星变大，它们的引力越来越强，吸引了更多的物质。这些物质猛烈地撞击着不断长大的行星，在碰撞之中产生热量，这些热量则被锁在行星核心当中，就像巨大的炉子里面保留它原始的火苗一样。

在形成地球和其他岩石行星的材料中有大量的铁和少量的镍，但由于铁和镍都是处于初始阶段的太阳系中所能产生的最重的元素，它们便在形成过程中沉入地球的中心，较轻的物质则积聚在地表。地球中心的温度非常高，这些金属只能以液态存在，并且不带有磁荷，因为它们的温度高于曾令白吕纳着迷的居里点。根据物理学的规则，可以知道在熔融金属核心内捕获的热量需要找到一种释放的方式，就像一壶煮沸的水要通过自身产生的气泡释放热量那样，地球开始从内向外散热。地核成功散热后，其最内层就变为了固体，外核继续处于液体的状态。

地球外核的液态金属仍在不断地搅动之中，而这有助于其在围绕地轴旋转时，将热量从内核中分流出去[2]。地球的轴向旋转导致其内部液体在运动时呈现出所谓的科里奥利效应。这个效应是以 19 世纪法国数学家和工程师科里奥利来命名的，科里奥利力支配着地球上大型流体旋转的法则，包括海洋、大气和地球外核中的熔融金属。这也是为什么北半球的海洋环流和飓风会逆时针运行而南半球的海洋环流和飓风则顺时针运行的原因，即当它们穿过地球表面时，它们会弯曲。在地球外核，科里奥利效应产生了自北向南流动，并在地球固体内核边缘处旋转的液体金属柱，这是另一种散发多余热量的完美机制。此外，铁芯中铁原子和镍原子的结构也使它们成为优良的电荷导体。每个铁原子有四个不成对的电子在其最外面的轨道中旋转，而每个镍原子则有两个不成对电子。

早期地球便拥有制造一个内部动力场所必须的两个条件，一个是流体所携带的热能，另外一个就是电导体，这两个条件足以让它支撑数十亿年。有了这两个条件，动力场于是就产生了流经液态金属的电流；电流，就像奥斯特后来在哥本哈根的铜槽实验中揭示的那样，可以产生磁场。而数十亿年前的动力场开始工作后所产生的磁场如今仍然是人类的保护伞。这是我们星球给予人类的馈赠。

如果没有以上这些条件，地球就不会拥有磁场，例如，如果地球的核心不是由铁元素、镍元素或其他极好的电导体构成；如果地球的核心已经冷却到无需向外传输热能。（有意思的是，科恩普鲁斯特热爱的硅酸盐地幔就像一条毯子，它有助于帮助地核保持足够的热量，使地核在散热时相对缓慢，以保持动力场的活力。）今天，地球核心最里面的固体部分大约是月球大小的三分之一，并且还在缓慢增长当中。它的温度仍然有 5000 摄氏度左右那么高，由于它处于巨大的压力之下，它的凝固点也变得非常高。压力较小的最外层地核则像流动的液体，大约有 4200 摄氏度，负责维持着动力场的正常运作。在未来的数十亿年中，当地球外核最终冷却到足以固化时，地球的磁场便会消亡，就像火星一样。火星曾经也有一个内部的磁场，后来它的核心一直冷却，致使动力场熄火，磁场也随之消散。如今它的外层岩石中仍然存在着微弱的局部磁场。但是如果没有强大的内部磁场，太阳风就会破坏火星的大气层，这可能是这个星球上目前没有生命的原因之一。同样地，我们的月亮曾经也有一个内部动力场，现在依然有一个存在于月壳的局部弱磁场。月球和火星上的岩石记录保留了它们内部磁场的编年史，但是前提条件是我们要去到月球和火星[3]，才能像白吕纳解读地球的岩石那样来解读这两个星球，这似乎有点可望而不可及。

太阳系的其他行星如今仍然拥有磁场。无论是作为最小岩石行星的水星，还是作为气体巨人的木星和土星，包括作为冰巨人的天王星和海王星都是如此，甚至太阳也不例外。太阳的动力场是由内部核聚变发出的庞大热量所驱动。其热量极为可观，它会将电子从轨道中撞出，并在导电的等离子体中移动，从而产生巨大的磁场。太阳的磁场会和地球的磁场不断相互作用。当太阳有高磁场活动时，地球的磁场便会让更多的太阳风进入大气层的顶部，于是我们就会在低纬度地区也能看见明亮的极光。如果地球的磁场减弱，地球的磁层也会被再次压缩，让贪婪的太阳风进一步接近地球的表面。

如今所有这些天体都在旋转，而旋转加强了行星磁场的两极性或者应该说是加强了行星的偶极子场，这个偶极子场大致类似于一个穿过行星或太阳中心的条形磁铁，与旋转的轴向对齐。偶极的位置是默认的。有时候，磁场的方向也会改变。但是因为磁场必须从北向南运行，所以当磁场改变方向时，磁极也必须调换位置。

对于太阳来说[4]，随着磁场的消失和重生，磁极每11年改变一次，是一个高度不稳定的系统。太阳依靠磁极倒转带来的改变才能维持其自身的运行。如今的科学家们都知道这一点，因为太阳是赤裸裸的，没有岩石地壳，可以看到其内部，可以跟踪磁场的方向和磁极的反转。据观测，太阳极点翻转的时期与太阳黑子的爆发期相互吻合，太阳黑子是太阳表面比其他地区温度更低的区域，因此看起来更暗。对太阳黑子的观测可以追溯到五百年前的精确记录，包括伽利略在1612年绘制的整整一个月的太阳黑子情况[5]。

地球的旋转也使它能够形成拥有两极磁场，人们每次谈论北极和南极时都隐含地提到了这个条件。和太阳一样，地球的磁极在星球的生命中也已经多次发生过转换。但与太阳每11年的周期不同，地球这个星球的磁极倒转并没有那么频繁，在最近的地质年代，大约每30万年会发生一次地磁倒转，而最近一次则发生在78万年前，也正是因为如此，一些物理学家猜测下一次的逆转是否已经延期了。地球的核心是否正准备着尽早改变地球磁场的方向？

最新的卫星研究结果给了科学家们新的课题。地球核心的磁场内出现了一个更复杂的图景。地球有一个偶极子场且该偶极子场占主导地位，但是该磁场也存在更多次一级和更复杂的结构。

现在负责监测地球磁场的三颗卫星之一，也就是欧空局于2013年发射的 SWARM 卫星，正在追踪地球核心内部发生的史诗般的战斗。可能是因为地球外核中的环流供给，如今非偶极子磁场正在努力推翻偶极子场的控制。它们的能量逐渐接近偶极子，并不断发起起义和革命。这就像在冥界中发生的古老泰坦之战。南大西洋的一块偶极子场如今已经屈服，它位于赤道以南，大约从非洲到南美。在那里，磁场的运行方式与它应该的运行方式相反。那附近区域的磁场保护能力已经大大减弱，以至于太阳辐射攻击它们时，会让盘旋在这些地方上空的通信卫星暂时关闭。这些地区的磁场强度已经不足以击退太阳风在大气层中的辐射。虽然在地表磁场强度依然很强，但是在一些区域的高空，磁场正以意想不到的方式持续减弱。

菲利普·卡丹和其他专家在南特会议上提出一个问题：地磁场的这种衰退是否会一直持续下去，或者说如今的偶极子场是否能够依然抵挡住来自太空的闯入者？如今地球的偶极子场已经在减弱，虽然很缓慢，一旦它变得足够弱，核心中作为后卫力量的非偶极子磁场强烈地挑战现有偶极子场的优势时，两极就会动摇，就像之前曾经历过的数百次一样。地球磁场的两极将被迫让位。来自非偶极子磁场的其他极点将获得足够的强度。在过渡期间，地球可能拥有四到八个磁极。在磁极的斗争期间，我们星球的巨大防护罩将仅剩下其正常强度的十分之一。而这个过程可能需要数千年的时间，这意味着，在地球上，我们可能会在这数千年的时间里接触到更多的辐射。

在未来的某个时刻，两极将发现自己重新位于地球的两侧，但不是现在的位置。受地球自转和科里奥利力的作用，默认的偶极子场将重新生长，重新回到两极的位置，但是磁场的方向将发生变化。我们如今所认为的磁北极将位于南方，而磁南极将位于北方。

　　我们不知道地磁场何时会发生逆转，以及这次逆转需要多长时间才能完成。我们也不确定在这个过程中地球上的生命会发生什么。但我们正在努力收集地球核心中这个不可预测的系统是如何运转以及为何这样运转的线索。

第十八章　地球里的激波

　　地震发生时，季风性雨季的降水已经持续了两天，印度东北部高原的地面已经被淋透。到了 1897 年 6 月 12 日下午 5 点 15 分，地面突然开始剧烈摇晃，由于土地已经非常潮湿，很多土地因此都似乎在人们的脚下"融化"，地质学家把这种现象叫做"土壤液化"。地震还导致山体滑坡，桥梁塌陷，沙涌和火山喷发。在相当于美国路易斯安那州大小的地区内，几乎所有建筑物都化为了瓦砾，地下裂开了长达几英里的裂缝。据统计，这次地震造成了超过 1500 人死亡。这次地震被后世称为阿萨姆邦地震[1]，估计震级达到了 8.7 级，被认为是现代史上最大的地震之一。

　　当地壳断裂时，位于欧洲的十几个地震仪都捕获到了它的运动，这些振动波从地球的一侧，穿过地心，再传导到另一侧。19 世纪末，地震学刚刚起步，很多理论还不够成熟，地质学家在当时只是刚刚开始了解那些波形背后的故事。爱尔兰地质学家理查德·迪克森·奥尔德姆（Richard Dixon Oldham）那时恰好就在印度，在印度地质调查局工作。出于各种考虑，相关部门当时都在阻止奥尔德姆去调查这次大地震。相比于关注这次大地震造成的死亡和破坏，人们有更重要的事项，要积极筹备 11 天后即将举行的维多利亚女王登基 60 周年的庆祝活动。奥尔德姆还是去了地震发生地，查看了当地的地震记录，认真撰写了一份调查报告。之后他一直在思考有关地震波的问题，直到 1906 年，也就是白吕纳发表那篇通过赤陶土得出地磁反转论文的同年，爱因斯坦发表狭义相对论论文的第二年，奥尔德姆发表了一篇论文，第一次描述了基于测量结果的地球内部结构，从此他一直被后人铭记。

奥尔德姆通过观察记录阿萨姆邦地震的地震仪数据，从中分离出了两种不同类型的地震波：P 波和 S 波。他进一步研究发现，这两种波是以不同速度传递的。P 波的命名来源于"主要"（primary）这个单词，它是一种能以 30 倍声速传播的地震波；S波的命名来自于"次要"（secondary）这个单词，它的传播速度比 P 波慢一些。不仅如此，奥尔德姆还发现有些地震波能够从地球的一侧直接传到另一侧，有些地震波是迂回绕行的。能够合理解释这种现象的唯一途径就是推断组成地球核心的材料是与其周围环境的材料不同的，不同的材料影响了地震波传递的路径。

当时，地球物理学家、数学家和物理学家同时提出了相互竞争的六个地球内部结构模型[2]。奥尔德姆的发现就像一颗鱼雷，瞬间击沉了其中的五个。在 19 世纪末，研究地球内部结构的理论家分为两派，与 18 世纪就多姆火山带岩浆来源争执不下的两派一样也分为火成论派和水成论派。火成论的支持者认为地球的地壳是由熔岩形成的，水成论的支持者则认为这是诺亚洪水覆盖地球后沉积的结果。虽然他们巨大的分歧表面上看是火与水的不同，但本质上的分歧是关于地球年龄的分歧[3]，这也是关于地球何时灭亡的分歧。

由于越来越多的证据证明了这个星球的起源可能更久远，爱尔兰主教乌瑟尔计算出的地球出生于公元前 4004 年的结论已经失去了可信度，但两个阵营的主要学术参考仍然是《圣经》。毕竟在当时的人们看来地质学就是神学的一部分。《圣经·创世记》是他们解读从地球岩石记录里所发现事物的特别指南。这也是为什么当时的人们认为这个星球的死亡时间与它的出生时间是密不可分的。19 世纪末，两派将注意力转向了地球内部的结构，他们被称为固体主义者和流体主义者。这场激烈而漫长的讨论包括法国的安培、英国的戴维，还有苏格兰物理学家威廉·汤姆森（William Thomson）。（汤姆森是法拉第的弟子，也就是后人所熟悉的开尔文勋爵，绝对温标以他的名字命名。于 1907 年去世。）

一些流体主义者确信地球内部充满了原始的熔岩，这股能量融化地球内部的一切，只留下一层薄薄的外壳。在模型中，火山和地震是地表下沸腾的大锅释放多余能量的直接管道[4]。该阵营中也有人认为，地壳并非很薄而是很厚，包裹着一种冒泡的灼热液体[5]，这是地球形成的副产品。还有一种看法认为，这个星球内部拥有所有的三个物态，它内部的深处是气体，被液体包围，最外层被固体覆盖。

相比于流体主义者，固体主义者最经典的是熟鸡蛋模型，即地球从核心到地壳都很坚固。这个理论最著名的支持者是汤姆森，他宣称整个星球比钢铁更坚韧，而且内部不可流动，否则地球必将屈服于月亮和太阳的引力[6]。换句话说，地球内的任何液体都会受到潮汐力的影响，就像海洋每天都在打破地球的平衡一样。汤姆森甚至于 1884 年在巴尔的摩举办了一个关于这个主题的报告会，在这次报告会中，他在演讲时分别旋转了一个生鸡蛋和熟鸡蛋来展示他的观点。生鸡蛋摇摆不定[7]，而熟鸡蛋则像地球一样稳定旋转。如果科学理论晦涩难懂，那么生动形象的演示便是一个很好的解释手段。汤姆森理论的一个衍生理论就是地球非常接近于固体，但在地壳下面有一层薄薄的液体层。

地球结构的第六个模型是地球有一个厚厚的地壳，而内部是可以流动的液体，更内部则有一个坚实的核心。这个模型与奥尔德姆对阿萨姆邦地震的数据解释最为接近。随着地震学的发展，其他结构模型很快就退出了历史舞台。这个结构的影响类似于发现电子确立了原子结构模型。J. J. 汤姆森于 1897 年发现了电子，即第一个亚原子粒子，他也因此于 1906 年获得了诺贝尔奖，从而使原子论和波尔的原子模型被广泛接受，甚至是以前的质疑者也毫不犹豫地接受了。

如今看来，我们怎么赞美奥尔德姆的惊世发现都不为过。地球物理学从亚里士多德的观点中发芽，即地球是神圣天球中一个不变的实体，之后吉尔伯特认为地球有一个磁性的灵魂，再之后盖利布兰德于 1634 年在英国一座花园中发现了地球磁场并不是一成不变，又过了 300 多年，白吕纳发现了地球的磁场不仅能够移动，而且整个方向都至少倒转了一次，最后到奥尔德姆绘制了地球内部图景。奥尔德姆的发现开始触及地球那万花筒般的磁场。这一新信息也证实了人们数百年来测量的磁场信号其实可以从一个侧面反映地球的结构，甚至是地球内部深处的秘密。地震仪可以穿透地壳，让科学家们第一次能够窥视地球的心脏。而其关键就是解读出地震波的速度和路径中所包含的有关化学成分和物质状态的信息。

当奥尔德姆开始撰写 1906 年的那篇论文时，英格·莱曼（Inge Lehmann）感受到了她人生第一次地震。后来她回忆说，她在哥本哈根的家中，灯泡摇晃不停，地板也移动，那时她只有十几岁[8]。她并没有透露这一次找不到震中的地震是否引发了她对地震波研究的热爱。但在奥尔德姆的伟大启示 30 年后，莱曼发表了关于地球内部结构的论文，而这也是关于地球是如何形成的最重要的论文之一。在此期间，剑桥大学的物理学家哈罗德·杰弗里斯爵士（Sir Harold Jeffreys）在 1929 年发表他的研究结果，认为由于 S 波不能通过地核，所以地核肯定是完完全全的液体。这是自 17 世纪后期以来第一个支持哈雷观点——地核是液体的证据。这是一个巨大的突破，具有丰富的象征意义：神学与《旧约》的暗黑地底世界现已暴露无遗。杰弗里斯写信给当时在哥本哈根的地震学家莱曼，谈到他的美国同事耶稣会牧师詹姆斯·马塞尔瓦内（James Macelwane）的反应，他说："我本以为一个虔诚的耶稣会士会因为发现地狱而跳楼[9]，但他并没有这样。"

莱曼随后进一步研究了穿越地球内部的地震波并发现了细微的不同。这些波与波之间存在着差异，只有当杰弗里斯的液体核心中有另一个不同于它周围物质的核心时才会解释这种情况。众所周知，莱曼在 1936 年解释这个想法的论文里所用的标题是"P'"，这是在她通过地震仪读取的 P 波计算之后的结论。（P'代表穿过地幔进入地心再进入地幔的 P 波类型。）

莱曼的故事是另一个集合了各种小概率事件的传奇，这些事件很多都与地球电磁场和地球内部勘探的时代背景相互联系。莱曼在当时是新兴的国际地震学领域里唯一的女性，她于 1888 年出生在丹麦一个显赫的家庭里，这个家庭的成员包括艺术家、政治家、科学家和外科医生。她的父亲阿尔弗雷德是哥本哈根大学的心理学教授，也是丹麦实验心理学的奠基人。阿尔弗雷德常常沉浸在他的工作中，以至于他的家人只有在他们一起吃饭时才能看到他，或者是在周日散步时才能拥有和他相处的时光[10]。莱曼的父母将她送到丹麦最早的一所男女同校的学校读书，这所学校由汉娜·阿德勒（Hanna Adler）管理，她的妹妹是尼尔斯·玻尔（Niels Bohr）的母亲。比莱曼大三岁的玻尔偶尔会在那里给大家上课。阿德勒是第一批获得物理学学位的女性之一。年轻时候的她曾在美国各地旅行，通过讲解自己对于麦克斯韦方程式的深刻见解而进入上流社会[11]。这和奥斯特在 19 世纪初借助于当时全新的伏打电池进入欧洲最有影响力的阶层时的经历相似。

　　阿德勒不仅相信女孩和男孩应该放在一起教育，她还相信应该平等地对待他们，对于地球科学来说，这绝对是一个福音。她的每个学生，无论男女，都会学习所有的文化科目以及木工、足球和针线活[12]。莱曼于 1993 年去世，享年 104 岁，晚年她写道，阿德勒认为男孩和女孩的智力没有差别。她雇用的老师也和她持有相同的观点。莱曼喜欢数学，因此作为奖励，她的数学老师给了她一些更难的问题[13]，而这让她的父母感到不安。他们觉得这些问题对于他们的女儿而言实在是太难了。但莱曼后来写道，她只是觉得那些简单的题目很无聊。

　　1910 年，在哥本哈根大学学习一段时间之后，莱曼来到剑桥大学的纽纳姆学院学习，但她在这里遭遇了与阿德勒完全不同的教育理念。在剑桥，莱曼作为女性的行动自由受到了"严格限制"[14]，她后来写道，"对于在家中与男孩和其他年轻人平等相处的女孩来说，这完全是陌生的限制。"纽纳姆学院是剑桥大学下面一所专门为女生设立的学院，剑桥大学的其他学院在 1948 年之前都不允许女性获得学位，而剑桥大学也是英国最后一所授予女性学位的大学。

莱曼在 1911 年由于长期的超负荷工作生了一场大病。之后，她回到哥本哈根，在一家保险公司的精算办公室工作并继续磨练自己的数学技能，她的工作主要是计算保险产品中的死亡风险。在 32 岁时，她终于获得了哥本哈根大学物理和数学的高级学位。她干了几年精算工作，直到遇到丹麦大地测量中心的地球物理学家尼尔斯·埃里克·内隆德（Niels Erik Nørlund）。（内隆德后来与玻尔的妹妹结婚了。丹麦的学术圈子很小而且联系紧密，其中一部分都以超级物理明星玻尔为中心。）内隆德很快发现了莱曼的数学天赋，1925 年邀请她成为自己的助手，并让她负责在丹麦和格陵兰岛建立起一个地震观测站网络。她以前从未见过地震仪，她自学了如何分析地震波的曲线，然后被送到欧洲跟着专家进行为期三个月的培训。从那以后，地震学成为她的兴趣所在。

1928 年，在她成为丹麦大地测量中心的地震部门负责人前，她主要负责分析地震仪的数据并发布报告。在担任该职位的 25 年中，她一直都是单枪匹马，甚至很少需要秘书的帮助。这项工作的大难题之一就是确保格陵兰岛东北部建立的斯科斯比松地震站有人看守。这个地震站是如此遥远，以至于它的管理员每年只与总部联系一次，也就是每年补给船出现的时候，这导致了地震站管理员不停地辞职。在科学研究中，这并不是莱曼工作的一部分，也不鼓励这样做。但莱曼忍下来了。

这些问题对于莱曼来说都不算问题[15]，她以勤奋、聪明和急性子而闻名。一位亲戚回忆起她时曾说过："你应该知道女性在和男性竞争时是多么无能为力。"[16] 但是她很顽强，甚至可以说专横。一位同事回忆起她时说道，她对噪音（这也是波的一种）特别敏感，有一次在苏黎世开会，莱曼说服他用自己安静的低档酒店房间与她预定的昂贵高级酒店房间交换[17]，完全不考虑价格因素，仅仅因为酒店不能保证她预定的房间安静。在 102 岁时，虽然莱曼的眼睛已经快看不见了，但她在专业领域依然十分活跃，她还会去位于哥本哈根郊外霍尔特的避暑别墅。某人打电话发现她在别墅之后非常惊讶，她有些生气地回应，"我当然在夏季别墅里。"[18]

她坚持认为来自不同地震站的地震图应该由同一人读取，确保同一人能够从一个台站到另一个台站跟踪数据，掌握全局的情况。一直以来，她都在努力完善被后来地震学家称为"魔法"[19]的本领，即听懂穿过地球内部的地震波所蕴含的故事。

1929 年 6 月 7 日，在新西兰南岛的默奇森小镇附近发生了7.8 级地震。莱曼的地震观测网络记录到了一些 P 波，而这些波来自之前并未曾预期到的地球内某些区域。她做了一个大胆的推测：如果杰弗里斯发现的液体核心内部还有其他东西，地震波在该区域内的传播速度比其他部分更快。

这可是在计算机出现之前。在当时，她验证理论的计算都是自己手算出来的，甚至没有请任何助手。她堂兄的儿子尼尔斯·格罗斯曾亲眼目睹过她高超的技巧。那是一个夏日的星期天，格罗斯和她一起坐在哥本哈根的花园里，她在草坪的桌上用燕麦盒临时做成的纸质卡片进行计算[20]。卡片上写着地震时间、产生的地震波波形以及它们的速度等信息。在完成新西兰地震的数据分析后，她认为地球有第二个密度更大的核心位于流体地核之中。这是一个惊人的发现，却被当时所有知名的物理学家忽视。她很谨慎，并没有马上宣称地球核心的新部分是固体的，只是说它与之前的液态地核是不同的。她称得上是超级优秀的数学家，她计算出内核的半径几乎与今天公认的测量值——1215 千米相差无几。她称它为"内"核，她立即写信给当时在剑桥大学的地震学权威杰弗里斯，告诉他自己的发现，以及他错过了什么。但杰弗里斯只是搪塞她，而且一拖就整整四年[21]。最后，不想再等杰弗里斯，莱曼于 1936 年发表了她著名的论文"P'"。虽然后来的许多地球物理学家立即接受了这个观点，但杰弗里斯还是花了几年时间才最终接受。1947 年，这一观点才被正式写入地震学的权威教科书中[22]。

　　莱曼和之后其他研究人员的研究结果表明，地球的内核是坚固的，整个核心主要是由铁元素构成，这是当今地磁场理论发展的基础。地震学仍然是观察地球内部的关键科学，是进一步追踪地球结构、地貌和化学组成最行之有效的手段。南特大会留了一整场的时间给地震学，地震学家们细致分析了大西洋和太平洋下的地幔底部两个巨大异常区的发现。这些区域似乎具有清晰的边缘，在化学上与地幔的其他部分也不同。地震数据表明它们可能是由地核最原始的物质构成。

　　莱曼于 1953 年退休，在停止繁重的事务性工作（与格陵兰站的协调等工作[23]）之后她更专注于科研，经常前往美国和加拿大与地震领域的同事合作。1962 年，杰弗里斯写信给玻尔[24]，询问莱曼是否已经获得了丹麦科学界的认可。于是玻尔写信给内隆德——他的姐夫兼莱曼的前任老板——提议给她颁发丹麦科学和文学学院金质奖章，1965 年莱曼获奖。99 岁时，莱曼写了人生的最后一篇科学论文。那时英国和美国的物理学家正在试图解读地球内部的另外一组线索：这是一组卫星图像，通过这些图像可以探究杰弗里斯发现的液体核心顶部和地幔底部之间究竟在发生什么。但是，不同于过去对未知结构解密的惊喜，卫星图像显示地球磁场正在随时间而扭曲：这种扭曲是由熔化的液体及其长翼环流和其他相互制衡力量的相互运动引起的。反过来说，这些运动也决定了地球磁场的强度以及地磁两极是否正在再次准备移动。

　　地磁场可能再次转换方向远超出白吕纳在 1906 年写那篇论文的想法。当年他认为，两个极点曾发生过逆转。他拒绝再深入一步，他表示任何试图弄清楚逆转具体时间的努力都为时尚早。但是否发生过不止一次逆转呢？某种程度上地磁逆转是不是地球核心动力场的关键组成部分？地磁反转会像我们认为的那样影响生命吗？

第十九章　法老，仙女和防水布工棚

在南特会议中心的礼堂内，科学家们正在为一件事情而努力，而这既不是关于地球内部运作的新发现，也不是用来描述他们的新数学模型，而是为了看清会议室前面屏幕上那小小的字体，一些与会者悄悄地拿出了他们的双筒望远镜，另一些则用他们的 iPhone 拍摄照片，再通过触摸屏放大图片来查看。这就是科学家们的思维：如果获取数据存在障碍，那就找到自己的方法来解决。正是这种本能驱使白吕纳 1906 年发表了关于地磁逆转的论文。这就是怀疑主义，这个星球的磁场是否真的扭转了方向？如果是这样，我们如何确定？

这个理论问题的核心取决于两极的这种剧烈的运动是否可能。如果是的话，机制是什么？反转的意义又是什么？它发生过不止一次吗？它会是地球磁场可以反复出现的一个现象吗？

而实际的问题也同样紧迫。如果白吕纳的赤陶土并不是他所理解的意思怎么办？如今的研究人员可能会考虑白吕纳的发现中存在着这样一种情况，即两极依然保持稳定但欧洲大陆在地球表面旋转了 180 度。但是在 20 世纪初，大多数地质学家认为大陆是固定着的，他们也曾寻求对白吕纳发现的其他解释。如果科学家对岩石磁记忆的原理解读有误怎么办？如果白吕纳发现的那块岩石只是因为被闪电击中而改变了其磁倾角怎么办？如果岩石能够在不受地球磁场影响的情况下自行改变其磁记忆怎么办？

正是最后一个问题在白吕纳的论文发表数十年之后主导了磁学研究的方向。如果一块岩石可以自发改变它的磁坐标记录，那么磁场已经逆转的整个想法便存在问题，岩石磁场的其他方面也会存在问题。在解决这个问题之前，支持白吕纳的其他研究结果陆续在世界各地涌现。科学家们又开始仔仔细细收集新数据。最令人信服的发现来自于日本地质学家松下基范（Motonori Matuyama）于 1929 年在日本的《帝国学院学报》（*Proceedings of the Imperial Academy*）上发表的一篇不起眼的三页论文。后来，作为京都大学教授的松下基范去了美国芝加哥大学访问学习。

日本是全球火山活动最频繁的地区[1]，它位于四个构造板块的交界处，整个国土都处在所谓的环太平洋火山与地震带上。最近的海底沉积物分析表明，日本地区的火山活动已有超过 1000 万年的历史，而过去的 200 万年是日本火山活动的一个极端活跃时期。换句话说，日本人对地壳下发生的事情非常感兴趣，而且这个岛国还有世界上最著名的研究地球内部结构包括熔岩在内的专家。

理论上，正如梅洛尼和白吕纳所推断的那样，熔岩会在其冷却的时刻和地点开始记录磁场的强度和方向，这实际就成为一种复杂的化石版指南针，记录着冷却那一刻的磁场三要素（磁偏角、磁倾角和磁场强度）。因此，从 1926 年开始，松下基范在日本一个以玄武岩而闻名的洞穴中寻找那些火山爆发留下的古老遗迹。他在洞穴中仔细测量它们的磁坐标，取样本供日后做进一步分析。样本记录的磁场方向与 1926 年地球磁场方向正好完全相反。受到这一件事情的启发，松下基范开始系统地调查在日本、韩国和中国东北地区那些火山喷发形成的玄武岩。他发现一些岩石记录的磁场方向与今天的北方一致，另一些则与今天的南方一致。很少有磁场方向位于南北之间的岩石[2]。

那些磁场方向指向南的岩石来自不同的地质时期：有些来自中新世，而这意味着它们来自 2300 万年前；有些则来自第四纪，也就是 260 万年前。他由此得出了令人震惊的结论，即不仅可以证明地磁两极发生过逆转，而且现在的证据还表明发生了不止一次地磁逆转似乎每一次地磁逆转都持续了很长时间。更令人惊讶的是，松下基范可以推算每次逆转发生的大概日期。突然之间，地质学家似乎能够让时钟回到地球遥远的过去，描述每个时代的地磁场朝向。这是看待地球的一种新方式，类似于哈雷制作的第一张地图——横跨大西洋的磁偏角等值线地图。

不过这个结论存在一个问题：岩石可能会自发改变自己的磁记忆。在 20 世纪 30 年代和 40 年代，这是一个非常难解决的问题。岩石本身存在着欺骗性。即使是指南针用的标准铁材质也可能失去其磁敏感性。这就是为什么几个世纪以来水手始终会带着一块磁石作为"守护者"来维持铁针的磁性，他们会时不时用磁石划过指南针的针头以使铁重新获得磁性。在那个年代，地球物理学家们在能够获得更多的数据之前，只能通过忽略地磁逆转来解决自发性岩石逆转的困惑。美国地球物理学家艾伦·考克斯[3]及其同事后来将这个现状总结为，即使在如此近的时代，我们都处于缺乏能够合理解释地球磁场的理论的窘境中，更不用说在地球历史早期那些或有或无、虚无缥缈的其他磁场逆转情况。

解决这个问题的线索之一来自路易斯·奈尔（Louis Néel），他曾在白吕纳工作过的克莱蒙费朗的气象观测站工作。奈尔最终去了格勒诺布尔，他在那里建立了该大学著名的地球物理项目。格勒诺布尔也是曾在南特会议上做过报告的菲利普·卡丹工作过的地方。1931 年，当奈尔考虑在克莱蒙费朗担任教职时，白吕纳在磁学方面的学术观点就浮现在他脑海中。岩石究竟是如何以及为什么可以保留其磁记忆呢？奈尔从量子力学的角度入手，开始研究物质中的每一个分子是否都可以以完全相同的方式被磁化。如果有差异怎么办？这之后的一系列发现为奈尔赢得了 1970 年的诺贝尔奖，他发现差异确实存在。在第二次世界大战之后不久，他提出了铁磁性的概念，并在 1949 年发现了亚铁磁性，这是一种和铁磁性相关但又略有不同的现象。毋庸置疑，正是奈尔将磁力从魔法的迷雾中拉了出来，自此之后，人们终于可以解释为什么材料可以保持磁性了。

这个问题的关键便是不成对自旋电子。

电子的运动产生了微小的循环电流。随后，循环电流便会产生带有两极的磁场。在构成我们宇宙的大多数材料中，未成对自旋电子的磁场相互抵消，因此材料不会呈现宏观上的磁性。这是一个纳米层面的零和游戏。这就是为什么很少有材料能够随着时间的推移保持磁化的原因 [4]。然而，有时候，当电子不配对时，它们不会抵消，而是通过某些排列来相互加强。这与预期恰好相反，于是使得这些物质变得独特起来。当电子通过排列加强而不是相互中和时，只要它不被加热到温度超过其居里点，有的材料就会被磁化一段时间，有的材料则近似于永久被磁化。这种近似于永久被磁化的类型便被称为剩余磁性，在命名的时候使用了拉丁语中称为"剩余"一词。这个问题可能会变得更加复杂，在《地磁学和古地磁学的百科全书》中有太多的剩余磁类型可供学习。本书侧重的类型是岩石在自然条件下冷却的情况，通常被称为自然剩磁。自从白吕纳以来，科学家们已经学会了如何从岩石中排除其他外部条件对于剩磁的影响，以揭示其自然剩磁。法国地球物理学家卡洛·拉伊（Carlo Laj）在排除了无关的磁场影响后，回到庞特法林并重新完成了白吕纳的实验。他在 2002 年发表的论文表明，白吕纳的研究结果是绝对正确无误的 [5]。

奈尔发现，不同物质里电子的自我排列方式存在着明显差异。这些差异决定了材料的磁场强度。在某些物质中，电子所在的轨道和原子相互重叠，在其中一些情况下，当轨道重叠时，相邻原子中的电子被迫沿同一方向排列，便放大了这种材料的磁力。当这种情况发生时，这种材料就被称为"铁磁性材料"，奈尔在命名时参考了拉丁文中"铁"的单词。常见的铁磁性材料是铁、镍、钴以及它们的化合物。指南针中的铁就是非常典型的铁磁体。

但是依然存在一个问题。原子或分子内相互增强的磁场被限制在材料内特定的区域中。虽然该区域内的场强可以很强，但它可以被下一个区域同样很强但相反的磁场所抵消。因此整个材料不一定是宏观上具有磁性的。这就是为什么车钥匙通常没有被磁化的原因。但是，如果将铁磁材料放置在强磁铁的作用下，则可以将其磁化。磁铁可以让不成对的电子在同一方向旋转，无论它们处于哪个区域。这就是磁石如何保持指南针工作的原理。用磁石摩擦指针使得内部磁场排成一行后，铁磁体就可以保持这种强磁性一段时间，但也不是永久的。

也有永磁体，比如磁石。有些原子排列的方式意味着它们的自旋电子反向旋转不会完全相互抵消彼此的磁性。相反，它们会排成一排，类似于一个大小不一，相互交替的队伍，其中一支队伍向一个方向旋转，另一支队伍则正好反向旋转。较大队伍的旋转方向最终赢得了胜利，成为了整个物体宏观上所表现出来的方向，且材料在其磁方向上稳定，被称为"亚铁磁性"（ferrimagnetism）。这种自旋的结构比铁磁材料的结构稳定得多。它不太容易丢失或被改变。对于这一类物质，地球上最好的例子就是磁石，也就是荷马写过的希腊马格尼斯的磁铁矿，吉尔伯特用于实验并且首先引发了人类对磁力的研究。磁铁矿是一种由三个铁原子组成的氧化铁，每个铁原子有四个未配对的旋转电子，并与四个氧原子连接。除非它被加热超过其居里点，否则它可以保持其磁性长达数百万年时间。如今发现的一些稀土元素也是亚铁磁性的。

奈尔发现了铁磁性（ferros）和亚铁磁性（ferris）之间的区别后（由于发音类似，我一度误认为它们是法老（pharaohs）和仙女（fairies）），他就开始研究细粒火山岩，发现它们一般都含有足够多的铁氧化物和亚铁氧化物的颗粒，除非加热超过居里点，否则它们的磁性记忆将继续保持数百万年。而在某些类型的沉积岩中也存在同样的现象，比如富含铁的赤陶土。

在第二次世界大战后的同一时期，华盛顿卡内基研究所敏锐的年轻地质专业研究生约翰·格雷厄姆（John Graham）做了一系列研究活动以测试美国各地岩石的磁性。他把一辆在引擎盖上绑着备用轮胎的卡车改装成了一个流动的岩石采样实验室[6]。鉴于欧洲和亚洲的发现，格雷厄姆发现同一层中的岩石似乎存在不同方向上磁场指向。难道它们可以自发地逆转吗？

他随之向奈尔寻求帮助[7]。理论家奈尔预测这是可能的，并列出了可能发生的几种罕见情况。同时，日本的科学家们也通过实验室研究支持了他的理论，日本榛名山的熔岩样本便存在自我逆转磁场的可能，只要它们以特定的速率冷却并含有特定化学成分。之后，剑桥大学的研究生简·霍斯帕斯（Jan Hospers）研究了来自冰岛火山的层状熔岩流，发现了明显的证据，证据表明，随着时间的推移，整个熔岩流的磁场出现过不止两次逆转，而是三次逆转。他在 1951 年得出结论："地球的磁场已经多次逆转[8]，岩石的磁性可以用于地质相关的判定。"

就这样来来回回了很多次。地球岩石的磁性记录被认为是可靠的，同时地球的磁性岩石记录很容易受到污染。这是当时地球物理学家所知道的能够确定地磁两极是否已经逆转的唯一工具，所以地球物理学家们有点不知所措。即使世界各地的证据已经表明地球磁场曾多次发生倒转，但如何通过岩石里的剩磁来确定磁场的每一次倒转究竟持续了多少年依然是一个问题。1963 年，针对当时参加慕尼黑国际地磁学会议的 28 位主要古地磁学研究人员进行的一项调查发现[9]，只有一半的人支持磁场倒转的观点，但每个人都认为某些岩石可以自发改变自己的磁场。

　　一年后，在一项标志着地球物理研究重心从欧洲正式转移到美洲的研究计划中，有越来越多的证据表明地磁逆转是地球内部构造的一部分。1964 年，加利福尼亚州门洛帕克市美国地质调查局的工作人员阿伦·考克斯（Allan Cox）、理查德·德尔（Richard Doell）和布伦特·达尔林普尔（Brent Dalrymple）[10] 在《科学》杂志上发表了他们那篇著名的文章《地球磁场的逆转》（"Reversals of the Earth's Magnetic Field"）。他们一直在寻找最终的证据，证明岩石可以讲述地球内核中究竟发生了什么。这意味着他们需要找到地壳中不同地区的岩石在同一时期的磁性记忆。也意味着他们需要精确地确定岩石的年龄。因此他们使用了一种新技术，这种技术用到了钾 -40 到氩 -40 的放射性衰变。今天，这种技术被称为 K-Ar 定年法（K 代表钾，Ar 代表氩）。通过确定样本中放射性氩 -40 与放射性钾 -40 的比例，可以确定样本自岩石结晶以来已经存在了多长时间。

　　在世界各地科学家们的帮助下，他们收集包括来自北美洲（包括夏威夷在内）、欧洲和非洲的 64 个样本并使用 K-Ar 定年法分析它们的年龄。与此同时，他们也检测岩石的磁信息。地质调查局给了他们一个小小的防水布工棚作为实验场地[11]，在那里他们可以研究出这些样本到底意味着什么。最终，他们制作出了一个包含至少可以往前追溯 400 万年的世界上第一个全球磁性日历。这份日历描述了地球历史上各个时代的磁场情况，有的时代两极存在于今天的位置，有的时代两极存在于相反的位置。那些早期的发现表明了一些已知的地磁逆转特征：比如每一次逆转都会持续很长时间，长到足够在岩石的磁记忆中被捕获，但长度并不规则，甚至有时会发生地磁两极会试图发生逆转，但最终失败的情况。

最有趣的是，考克斯的小组确定了地磁上次逆转的时间是78万年前——那是我们现代人类登上历史舞台之前的时代。他们决定将现在的地磁时代命名为白吕纳时代。在此之前的时代被称为松山基范时代。其他更早的则以高斯和吉尔伯特的名字命名。在白吕纳关于庞特法林赤陶土的论文发表近60年后，白吕纳对地磁学科的贡献得到了正式承认。

虽然考克斯、德尔和达尔林普尔总算在论文中确认了岩石可以自发改变它们的极性，但他们认为这种事件是非常罕见的。事实上，它们的确非常罕见，无法否定来自世界各地那些强有力支持地磁倒转的证据。

磁极有时确实会交换位置。最后，地球动荡历史的另一个问题开始成为焦点。磁学科研人员想要做的工作是将每一次的地磁逆转拼凑起来，将这个年表追溯到大约10亿年前地球自身磁场刚刚诞生的时候，或者更古老的时代。在那个时代，地球的磁场多久发生一次倒转呢？它们是否还要再次发生倒转呢？

第二十章　海底的斑马纹

在 20 世纪的头二三十年里，对岩石磁性的任何分歧若与地质学在那个时代最棘手的问题相比都会显得苍白无力。问题便是：大陆是否会移动？

这个想法源于 19 世纪初，当时在南美洲进行科考的亚历山大·冯·洪堡指出，如果将南美洲和非洲放在一起，那么南美大陆的东翼可以齐整地贴合在非洲大陆的西面。1912 年，德国地球物理学家和气象学家阿尔弗雷德·魏格纳（Alfred Wegener）进行了两次公开演讲[1]，进一步阐述了这一想法。他指出，曾经各大陆如同一个巨大的拼图一样是组装在一起的，形成了一个超级大陆，后来才各自分开来。地壳并不是固定的，相反，它是具有延展性的。魏格纳使用希腊语潘神（pan）和地母盖亚（gaia）的名字进行组合，为最初的超级大陆命名，这也就是如今我们称之为盘古大陆（Pangea）或联合古陆。为了佐证自己的说法，他不仅描绘了盘古大陆的形状，还指出了现代两块大陆地质特征的相似之处和物种的相似之处。他甚至还画了一张地图，显示了大陆在它们形成盘古大陆时各自的位置，但这幅地图因为精度不足遭到了抨击。

由于在第一次世界大战中受伤住院，魏格纳得以于 1915 年完善了自己的想法，并出版了一本书。这在当时被认为是一个著名的科学丑闻。魏格纳因为他的非正统且不受欢迎的观念而被批评为科学的异端，而这个想法如今被称为"大陆漂移学说"。批评者说当时的礼教要求他去寻找真理，而非追随者。因为大陆漂移学说，他被排挤，在本国找不到任何大学的教职工作，最后在奥地利找了一份工作。在他的书出版 15 年之后，丑闻尚未消退，他便去世了——他被困在暴风雨中，试图用狗拉雪橇将物资运送到格陵兰的气象站——享年 50 岁。

这个学说为什么会如此敏感？剑桥大学的爱德华·布拉德爵士，英国著名的地球物理学家之一，起初曾否定了魏格纳的学说，多年之后又转而支持这个学说。他在 20 世纪 70 年代的一篇回顾性文章中解释了他为何早年强烈反对这个学说的原因[2]。"一群专业人士总是倾向于反对非正统的观点。这样一个群体在正统的理论方面有相当大的投入：他们已经用旧观点解释了大量数据，并且准备好了讲座和宣传，也许还有大量的相关书籍和专著等待出版。"布拉德写道，"当一个人不再年轻时，再重新反思整个生涯并不容易，需要承认自己年轻时的错误。"直到 20 世纪 50 年代，相信魏格纳的大陆漂移学说依然是"不寻常且有点应受谴责的"。

但随后一系列支持这一想法的线索陆续出现。20 世纪 50 年代初，爱德华·"泰德"·欧文（Edward "Ted" Irving）开始在剑桥攻读他的地球物理学博士学位，专注于岩石磁学的研究。他的同学正是曾研究过冰岛的熔岩，并注意到了地磁逆转的简·霍斯帕斯。之后欧文开始研究苏格兰西北部一片宏伟的暴露砂岩，这片裸露的砂岩层被称为托里东层（Torridonian），这些砂岩呈现为红紫色和棕色，沿着海岸山脉水平延伸 70 英里，厚 1.8 万英尺，形成于 7 亿年前，颗粒细小，上面有大量的磁铁矿和赤铁矿，并且被强烈磁化。欧文在这里采集了 400 个样本回去继续研究。

　　欧文分析数据时发现，这些样本的磁场指向为西北和东南方向，远离当时的地理极点。他开玩笑说这些岩石自己把自己的磁性方向扭转了，但他也开始探索另一个想法。他找来了剑桥大学的研究生肯尼斯·克里尔（Kenneth Creer）一起研究，他们发现岩石年代越久远，其磁场指向越远离现在的地磁极点。难道是地球的两极曾经在地球表面游荡？他们在地图上绘制了 7 亿年前磁北极的可能位置。1954 年，他们在英国科学促进会的会议上展示了他们绘制的"极点漫步之路"。这个研究结果在当时引起了广泛的关注。当年的《时代》杂志上的一篇文章深度报道了他们的成果[3]，指出在 7 亿年的时间尺度中，这场"地磁北极的漫步之旅"覆盖了 14000 英里，平均每年会移动 1.3 英寸；文章完整地呈现了数据图表。

　　自 1906 年白吕纳的论文发表以来，科学家们一直在考虑的是极点在地磁逆转的过程中互换了位置。但随着 1954 年这篇文章的发表，问题的重点转变了，极点会步步偏离地球旋转的轴线，越走越远。这与我们长期对磁场变化观察的结果不同。长久以来的观察认为磁极总会在地理极点附近移动。如果磁极真的可以漫游到地球上更远的地方，那么这将为地球内部的运作增加另一层神秘感。但是科学家们一直没有相应的理论来解释它。

事实上他们也不需要。欧文和克里尔从没想过两极正在进行大范围的漫游。即使在绘制"极点漫步之路"时，他们坚持认为这些结果更多可能是两极没有移动（或多或少），而是岩石本身发生了移动，而岩石所在的苏格兰也一直在移动。他们将这种现象重新命名为"视极移"[4]。欧文意识到他所发现的并不是古代极点位置的变化，而是古代纬度和大陆位置的变化。他曾经读过魏格纳的文章。他意识到利用这些视极移的信息，可以随着时间的推移回溯各大陆的运动情况，并与同一时间其他大陆的漂移进行比较。这么做就像穿越时空，往日的那些世界重现。

为了验证他的理论，他从印度七个古老的熔岩流遗迹中采集玄武岩块。根据这些玄武岩读取的磁信息，他发现从 6500 万年前恐龙灭绝到现在，印度大陆向北移动了 53 度，大约逆时针旋转了 28 度。综合结果得出的结论令人震惊，大陆不仅移动了，而且随着时间的推移已经移动了很远的距离。

他的观点是如此富有争议性，以至于当他把这些研究结果写进他的博士论文后，剑桥大学负责答辩的教授拒绝授予他学位。1954 年，欧文带着自己的天赋来到了位于堪培拉的澳大利亚国立大学，与他的新老板喝了一杯啤酒，拂去了自己在剑桥不愉快的回忆，决定在这里重新起航，努力为他的理论找到更多的证据。后来，他一直生活在加拿大，找了位加拿大人为妻。他被加拿大前寒武纪地层深深吸引，在那里他可以轻松找到一些地球上最古老的岩石。

与此同时，在第二次世界大战后的几年里，另一组线索正在逐步被发现。随着时代的前进，地球物理学家开始对海底进行更彻底的探究。海洋地质学是一门全新的学科，它用船只拖曳海洋中的回声探测器、挖泥船和地震仪，有时也会用到在海底钻探岩心的机器。最初它用于军事领域，政府想了解与海底相关的军事战略信息。当时，人们普遍认为海底和大陆区别不大，包括一些杰出的地质学家也认为海底就是一个沉没的大陆，甚至可以随时浮出水面。许多人认为大陆曾经就是海底。绝大多数人认为海底非常荒芜，但新发现描绘了一幅不同的画面，海底与大陆不相同。海底主要是玄武岩构成的，比现今的大陆更薄且年轻得多，不超过 2 亿年。至于海里的山丘，它们往往都是海底火山带[5]。

　　1956 年年初，一些深海海底地形首次实现了可视化。纽约哥伦比亚大学拉蒙特地质实验室（今拉蒙特—多尔蒂地球观测站（Lamont-Doherty Earth Observatory））的团队，在杰出地球物理学家莫里斯·"DOC"·尤因（Maurice "DOC" Ewing）（前文提到的女科学家英格·莱曼的一位好朋友和合作者）的指导下开始收集多年来在大西洋的数万次深海探测中所获得的数据。曾经参与研究的数学家玛丽·萨普（Marie Tharp）回忆说，同事在当时用乌鸦羽毛笔和蓝色的墨水在蓝色亚麻页上记录了所有的数据，后来这些成为该领域的圣经。萨普在地形图中标注了可以显示海底特征样貌的数据，如同从低空飞行的飞机上看到的那样。这些零星的图像清晰显示了两侧弯曲的山脉之间的深深的裂谷。当萨普向老板布鲁斯·希曾（Bruce Heezen）展示时，希曾叹息道，"这分明就像不靠谱的大陆漂移学说"，并将其视为"女人的结论"[6]。尽管如此，萨普依然坚持不懈，1956 年一张令人信服的大西洋海底中脊地图完成了。萨普写道，当老板希曾和尤因在多伦多举办的美国地球物理学联合会的会议上展示这张地图时，与会的科学家们既惊讶又怀疑，甚至鄙视[7]。一个大洋中脊便代表海底的一个缝隙，新的海底在那产生并促使大陆在地球表面移动？她真是个异想天开的傻姑娘！

20世纪60年代初，大西洋两岸的地球物理学家突然想到，他们可以通过在船后拖曳磁力计来获取海底岩石的磁测读数。于是科学家们开始获得深海，包括来自东太平洋盆地的磁测数据。有趣的是，磁测数据表明磁场指向交替的方向，且正好穿过深海底，与东太平洋海脊平行排列，并在其两侧呈对称状。在当时，只将结果公布并没有合理的解释，因为没有人能理解它们所代表的意思。

加拿大地质调查局的劳伦斯·莫利（Lawrence Morley）是一名古地磁学专家。他痴迷于海洋的调查结果，还曾从空中做过航空磁测，用来寻找石油和矿物，因此对广阔陆地的磁测读数非常熟悉[8]。在陆地上，这些数据各种极性大交织。相比于复杂的地面磁环境，海底的磁环境更加整齐。他确信海洋那些条纹与剩磁有关，就像陆地上的一样。1961年，他发表了一篇非常重要的论文，描述了海底扩张引起的海洋盆地演化[9]。

仿佛一瞬间，他把三个在当时没有关联的概念联系到了一起，形成了一个独立的理论。三个概念分别为：魏格纳的大陆漂移、海底扩张和两极逆转。在他看来，海底的条纹来自地球地壳接缝处那些不断从地球内部升起的热岩浆，这些热岩浆创造了全新的海底。当原本温度超过居里点的熔岩在水中冷却时，它们中的亚铁磁性材料便记录了那时在这个位置呈现出的磁场方向。之后，它们将从大洋中脊向两边扩散，在两侧对称地朝着大陆，并准确记录磁场。数百万年来，伴随着新海底的诞生，它成为了一本记录地球磁极逆转的档案。如果你用黑色给它们的负磁极染色，那么这张照片看起来就像斑马皮，从中央子午线散开：黑色、白色、黑色、白色，依次类推。

莫利迅速写了一篇论文[10]来解释他的假设，并尽最大努力想要把它发表出来。1963年2月，《自然》杂志拒绝了他的文章，称这一期杂志没有刊登这篇文章的版面。之后这篇文章又在《地球物理研究杂志》（*Journal of Geophysical Research*）的一位匿名审稿人的桌子上躺了好几个月，并在8月底被彻底退稿。审稿人在审稿意见中写道，这个想法很有趣，不过它更适合在鸡尾酒会上讨论，而不是在严肃的科学期刊中发表[11]。嘲讽意味极其明显，科学界对这段注释记忆犹新。1963年9月7日，《自然》发表了剑桥大学地球物理学家弗雷德里克·拜恩（Frederick Vine）和德拉蒙德·马修斯（Drummond Matthews）的文章，他们根据印度洋、大西洋和太平洋海脊的磁读数和关于海底扩散的文章，得出与莫利相同的结论。这是剑桥大学负责此课题整个小组的荣誉。今天，这个想法被称为拜恩—马修斯—莫利假设（Vine-Matthews-Morley hypothesis）。但就莫利个人而言，因为被连续退稿，他放弃了古地磁学研究，转而成为卫星遥感领域的先驱。

1966年年末，大陆漂移学说依然存在较大的分歧。大多数美国地球物理学家拒绝它，而大多数欧洲地球物理学家则选择接受。布拉德讲述了那年在纽约召开的一个关于地壳历史的重要研讨会的情况。大会的第一天，曾和自己的科研团队一起制作了大洋中脊系统第一张地图的尤因对布拉德说道："你应该不会相信这些歪理吧？"[12]

与此同时，美国地质调查局的考克斯、德尔和达尔林普尔三人继续为完善地球磁性年表做着大量工作，他们看到了由磁力计测量到的斑马条纹在大洋中脊上的蔓延。在那时，地球物理学家已经能够用数学模型计算出这些斑马条纹形成所需的时间，这意味着他们绘制的不仅是地磁学的编年史，也是一部时间的编年史。当考克斯和他的小组将大洋中脊磁测读数和他们做的年表一起写进 1964 年的论文时，二者的联系出现了。考克斯说："我感到异常激动[13]。这是我个人科学事业中最激动人心的时刻。"

魏格纳的想法、拜恩—马修斯—莫利理论、萨普的地图、欧文关于纬度移动做的研究，以及考克斯小组的地磁编年表，这些工作共同孕育了 1968 年被称为现代板块构造理论的系统性成果。这个理论主要描述了地球的地壳由大约 20 个板块组成，它们在地幔上缓慢移动，其中一些很大，一些则相对较小。海床板块的某些部分正从大洋中脊或其他裂缝处扩散，另外一些则在海沟中一层层被俯冲潜没。这种循环运动的最终结果便是：老旧的海床沿着板块边界被摧毁，新的海床随之形成。移动的板块也会导致大陆的碰撞。大约 5000 万年前印度大陆和亚洲大陆就相互碰撞过。碰撞后这两个板块非但没有下沉，而是升起后形成了喜马拉雅山脉。在另一些板块边界处，板块以相反的方向相对移动，形成了容易发生地震的断裂带。圣安德烈亚斯断层带是今天陆地上为数不多的断裂带，它穿过加利福尼亚，大致上与加州的海岸平行。

20 世纪 70 年代中期，板块构造理论已经成为了地质学的基础。魏格纳的声誉得到了恢复。1980 年，德国人已经以他的名字命名了一个著名的研究机构，侧重于研究海洋和极地。这之后，魏格纳重建过的已经消失的盘古大陆，以及布拉德的部分模型和公式，成为了新的教义。最近，利用地震数据的计算，地球物理学家已经能够重建长达 2.5 亿年前俯冲到地幔中的地壳板块，仿佛翻阅地球的前世记忆一样。如今，尽管板块构造理论得到了广泛的接受并且有足够的证据支持，但一些科学家依然继续否认这一观点。最强烈的反对者就是剑桥大学的哈罗德·杰弗里斯爵士，他同样是一位杰出的理论地球物理学家，他曾忽视过莱曼的发现——地球有一个固态内核。杰弗里斯认为大陆漂移假说的机制在力学上是解释不通的，直到 1989 年去世都不相信这个新的板块构造理论。

然而，从另一方面来说，板块构造理论也证明了地磁反转理论。依靠海底的读数，地球物理学家已经确定下来的地球磁性年表可以追溯到 2.52 亿年前的二叠纪和三叠纪之间。（以岩石记录作为辅助，模型还可以更进一步地推算到更古老的年代。）那个时期恰逢地球历史上最大的物种灭绝事件，当时地球上大约 95% 的物种灭绝了。大规模灭绝的直接触发因素是火山爆发，火山的爆发释放了大量二氧化碳到空气中，并形成了西伯利亚暗色岩。在过去的 2.52 亿年中，记录表明地磁逆转通常每百万年发生两到三次，中间至少有两段很长的时间地磁没有发生逆转，这两段时间被称为"极性超代"。在过去的 9000 万年中，地磁逆转已经越来越频繁。近逆转，或者地磁漂移发生的频率大约为地磁反转的 10

倍。当地球磁场逐渐衰减到它通常强度的一小部分时，偶极子场将变得极其不稳定，极点在回到原先位置时甚至会游荡到赤道附近。而最近一次地磁漂移发生在距今 4 万年前，恰逢尼安德特人的灭绝。

　　一旦地球物理学家确切知道了地磁逆转会发生以及何时发生，那么关注点就转到了地磁逆转将会如何发展上来。

第二十一章　在动力场的外缘

　　很奇怪，我们虽然在遍布咖啡馆的法国，一大早在南特居然很难喝到咖啡，至少在需要时时保持清醒的科学大会上是没有大量供应。凯西·维勒尔（Kathy Whaler）和我不得不起个大早，绕路去熙熙攘攘的火车站，在自动售货咖啡机买了外带咖啡。

　　和这次来参加会议的其他专家一样，爱丁堡大学的地球物理学教授维勒尔也是一位杰出的地球物理学家。这次会议的水平是如此之高，以至于我在会议中心里随时都会碰到那些地球物理学界里程碑式的人物。而他们的专业水平又都是如此顶尖，以至于当我问某人一个问题的时候，我总是会被重新引导到下一个人那里。"你可以再去采访某某，关于你想要了解的问题他写过一篇论文，他现在人就站在那里。"当我找到下一位专家，那个比地球上任何人都更了解某个问题的人时，他又会表示另外的某个人能为我提供更多的信息。

　　这种类型的会议其实是没有定论的。由于该学科本身仍在不断发展中，因此与其说会议讨论的是确定无疑的科学真理，不如说这次会议是在探索走向真理的漫漫长路。这意味着它可以对目前为止所达成一致的结果进行总结归纳，并不断探索，以找出越来越精确的方式来挖掘数据，也可以交流比较那些相互矛盾的解释。在那里，可以像一个新人一样承认错误，接受批评，也可以为自己的观点辩护，收获赞美。更重要的是，在这里可以了解当前学科的热点问题——那些悬而未决的挑战，不论是由来已久的秘密还是近在咫尺的问题，例如地球的核心是否存在放射性元素？深层地幔的化学成分是什么？如何排除地幔和地壳的干扰观察地球核心的磁场？地磁场是如何随时间而变化的？

解读地球内部核心正在发生的故事是维勒尔现在的研究内容。当维勒尔还在剑桥大学的大卫·古宾斯教授（David Gubbins）带领下攻读博士学位时[1]，一大批新的卫星数据开始首次进入科学家的视野。维勒尔当时所使用的数据来自于 MAGSAT 卫星，这是第一颗能够读取整个地球磁场矢量的卫星，矢量包括了磁场的方向和强度。这颗卫星由美国国家航空航天局（NASA）和美国地质调查局联合运营，它收集了大约半年的数据，于 1980 年春末圆满结束任务并坠毁在大气层。（更早的一组卫星，POGO 卫星，从 1965 年到 1969 年在轨运行，是第一个专门的磁场监测卫星，但它的光泵磁强计只能获得磁场的大小，而不能获得磁场的方向。）

我们走过南特卢瓦尔河上的一座桥，带着我们的咖啡融入熙来攘往的人群，维勒尔告诉我 MAGSAT 卫星的数据质量非常高，让研究人员第一次看到了地磁场的全球结构。在很短的时间内便可以将卫星上的精确数字与地面上现代地磁与气象台的数据进行比较，并尝试融合这两组不同来源的数据。对于现代科学家而言，他们不光可以获得现代数据，还有整个历史上的档案可以查阅。这意味着可以将数据延伸到 16 世纪英国水手对磁偏角和磁倾角的测量，还有 19 世纪高斯的磁学研究和萨宾的磁学十字军运动。这意味着可以将这些记录与白吕纳和其他人在 20 世纪初开始获取的岩石记录以及海底大洋中脊的发现相结合。最后，随着时间的推移，这个学科的宏观面貌便出现在了人们的面前。这真是一个令人陶醉的画面。

古宾斯于 1989 年在《科学美国人》杂志上发表的一篇文章中解释说，在最初的研究中，他与维勒尔，还有其他的研究人员将地球磁场过去 380 年的记录及其随时间的变化汇总在一起[2]，发现这些调查结果是符合模型预测结果的。在地球表面，磁场看起来像一个条形磁铁，在地球旋转的轴附近。这些无限循环的磁场线从磁南极流出到太空，后又回到地球的磁北极。线条越密集，磁场越强。

他们重构的这份时间跨度长达 380 年的记录收录了过去几个世纪以来所谓的"向西漂移"。这个想法最初出现在 17 世纪后期，是哈雷首次发现了这个现象，当时他是在伦敦的磁偏角测量中发现了磁场在向西倾斜。古宾斯团队通过跟踪地球上磁偏角为 0 的磁感线来验证这个想法。无偏线（the agonic line）使用的是希腊语中"无角度"一词。例如，在 1700 年，该线穿过大西洋中部[3]，在墨西哥湾上空弯曲，直接穿过北美洲大平原。2017 年，它已经向西漂移到了南美洲的太平洋一侧，并一直倾斜，穿过了明尼苏达州中部。这就是哈雷和其他许多人在数百年前所寻求的磁场本初子午线，哈雷相信它会将地球分成两个齐整的半球并解决海上航行的问题。古宾斯的模型表明，无偏线是非常难以预测的。例如，早在 17 世纪初，它就越过非洲，绕过挪威，从格陵兰岛穿过美洲的顶部，然后进入太平洋，之后通过南加利福尼亚州一路跑到了北极。

自从 1840 年高斯研究出如何测量磁场强度以来，科学家们一直保存着磁场强度的记录。虽然目前还能够从诸如年代久远的赤陶土、熔岩和水手的测量数据等参照物来计算出磁场的强度，但这些数据不如直接进行的测量来得精确。因此，对于地球物理学家来说，1840 年是一条关键分界线，划分了无可争议的测量值与由其他证据间接得出的模糊测量值。古宾斯注视着他的地图回顾过去时，可以显而易见地发现，地球的偶极子场自 1840 年第一次测量以来已经开始减弱。通过观察 2000 年前在罗马时代被磁化的赤陶土可以发现，地磁场显著而持续的减弱从罗马时代就已经开始了。

但是地磁场为什么会减弱？在此之前，我们的每一次读数都是在地球表面测出来的。但是高斯在 1838 年推导出来的数学公式显示磁场是地球内部产生的。在地核的外缘和地表之间有近3000 公里的地幔和地壳，因此这些地幔可能会干扰核心传递出来的磁信号。如果磁场在穿越崇山峻岭之后看起来与其原始的信号不同，那该怎么办？

解决这个问题的关键便是要弄清楚如何去除地壳和地幔的干扰，观察在最接近磁场来源的地方发生了什么，观察地球动力场的外缘。古宾斯和他的团队想要更准确地了解究竟是什么驱使了地球的磁力，以及它是如何演变的，会有怎样的发展方向。他们确信，在地核和地幔边界观察这一磁场会给他们一些线索。

1985 年，维勒尔、古宾斯和古宾斯的研究生杰里米·布洛克斯汉（Jeremy Bloxham）（如今在哈佛大学）取得了研究进展。与此同时，在加利福尼亚斯克利普斯（Scripps）研究所的一个研究小组也进行着独立的研究。维勒尔、古宾斯、布洛克斯汉使用了麦克斯韦在 19 世纪设计的数学方法，将数据从地球表面投射到地幔的底部，也就是地幔与地核外部的交界面。古宾斯小组从 1980 年的数据开始，一直回溯到了 1777 年，制作了一个包含磁场方向和地核磁场强度的地图。地图显示了磁场线的数量以及它们离开并进入地球核心表面的位置，也就是该区域的磁通量。再根据它的强度把入射通量涂成渐变的蓝色，把出射通量涂成渐变的红色。

这幅描绘地球核心的地图是一个令人眼花缭乱的旋涡和色彩大杂烩，它揭示了一个超越所有人想象的无比复杂的领域。正如古宾斯所解释的那样，如果地图描述的是一个简单的双极系统，那么图像的北部应该是呈现蓝色，而南部则是红色。它在磁北极处是最深的蓝色，与地球的自旋轴对齐，在磁南极处则对应最深的红色。它反映出所有的磁力线都汇聚在极点，使磁力增强。此外，靠近地理赤道位置的地核磁赤道将呈现为红色和蓝色之间的边界，没有任何通量会从这里渗透进地表。

然而，这个地图除了呈现了两极系统的要素，也显示了地球外核深处的其他构造。这种感觉就像是第一次能够用核磁共振成像看到人体内部，辨别出肝脏、心脏和肺的形状一样。一方面，北方主要是蓝色，南方主要是红色，但也不是绝对的。有一些本该是红色的地方最终呈现出了蓝色，也有一些本该是蓝色的地方最终呈现出了红色。此外，几个斑点出现在通量大于或小于预期的地方。与研究人员预期的相反，有两个低通量斑块位于两极附近，然后在南大西洋和非洲下面也有两个异常的区域。它们很强大，与偶极子场的方向相反，为流入方向而不是流出方向。不仅如此，非洲下方的那个区域正在以惊人的速度每年向西移动大约三分之一个经度。至于偶极子场，对于地图显示的结果，古宾斯和他的团队认为是外核中存在两股旋转的液体的证据，并与构成外核的其余熔融金属相分离。这两股液体的运动似乎在支持偶极子场，在非洲下方移动的磁异常区似乎正在破坏着偶极子场。

这些窥视地球磁场的要素现在已经基本到位，可以看到地球内部熔融物质的运动模式，也可以瞥见地球心脏是如何跳动的。从公元前几个世纪最简单的中国指南针的发展，到高斯于 19 世纪通过数学严密证明了地球的磁力来自于地球内部；从 17 世纪在伦敦附近的花园中首次发现了磁偏角的改变，到 20 世纪的地震波数据证明了地球核心既有液体又有固体的结构，历经了那么多世纪辛苦搜集的磁学难题已经各归其位，并生成了一系列新的地图，不仅展示了地球核心的内容，以及运作方式，还展示了它随着时间推移而改变的方式。

从那时起，新的数据开始不断涌入。1999 年，丹麦人发射了以奥斯特命名的奥斯特卫星。今天它仍然在轨道上工作着。最初，奥斯特卫星测量并记录整个地球磁场的矢量，但自 2006 年起，便只记录地球磁场的强度。德国人在 2000 年发射了 CHAMP 卫星，它在轨运行了十年，直到近期才坠入大气层烧毁。SAC-C 卫星由包括 NASA 在内的多国共同研制，于 2000 年至 2013 年在轨运行。2013 年，欧洲航天局启动了 SWARM 任务，由三颗卫星组成一个探测星座，可以同时测量整个地球的磁场①。总之，卫星数据是地球磁场一个完整而高级的记录，在过去 20 年时间里，人们开始进入从卫星获得全球磁场数据的时代。

2000 年，古宾斯的另一位研究生，前文提到的如今在哥本哈根工作的地球物理学家安德鲁·杰克逊[4]开发出了一种现在广泛使用、更精确的计算机模型，这个模型使研究人员能够看到地幔和地球核心的边界在过去 400 年内发生的变化。通过他的和其他的一些模型，边界地区磁场的重要变化已经清晰可见。古宾斯和他的团队发现蓝色反向磁通量异常区一直在增长，并一直向西移动[5]。1984 年，它与另一个类似的位于南极洲下方的小型磁异常区重合。1997 年，这个磁异常区已经与北半球的磁场相连接，这意味着一大片蓝色[6]现在正在混入南半球的红色区域，几乎从磁赤道一直到磁南极。地球磁场的非偶极子部分正在变得越来越强，这对于当代人类来说是一个巨大的变化。

至于偶极子的整体强度，如今也在逐步减弱。从 1840 年人类首次获得准确的磁场强度数据开始，它已在地球表面衰减了大约 10%。同时它已经是地球磁场中变化最慢的一部分，毕竟它是最主要也是最大的场，而在地球内部那些涡流产生的其他磁异常结构，如今已经变得更加狂野，并随时想要挣脱总场的束缚。

---

① 2018 年，中国发射了"张衡一号"卫星。——译者注

第二十二章　南半球异常

克里斯托夫·芬利（Christopher Finlay）谈起地球中心的环流，真是活灵活现。他说，环流非常古怪，它有四肢，时而扭曲，时而伸展。环流的运动会迫使地球当前的磁偶极子场衰减。对我来说，这个神秘的环流听起来就像一个有生命的物体，能够暗中从偶极子场中吸取能量，再把能量传送给偶极子场的敌对方，搅动着现有的运行方式。这种运动并非稳定有序的，而是非常混乱的。地球看不见的磁场中发生的秘闻也足够让人叹为观止。

如果有人能描绘环流的样子，那一定是芬利。身材高颀，一头棕色卷发，笑容灿烂的他是这个星球上少数有能力解决这个问题的人之一。芬利在爱尔兰贝尔法斯特附近长大，小时候常常手里拿着指南针在田野游荡，他痴迷于爱德蒙·哈雷和磁学十字军运动的英雄故事。当我遇到他时，他已是丹麦哥本哈根技术大学国家空间研究所的地球物理学家，该校的前身就是 1829 年成立的汉斯奥斯特大学。这座位于哥本哈根的研究所与波茨坦和巴黎的研究所是欧洲三个接收 SWARM 卫星数据的科学中心之一。SWARM 是当前在轨运行的跟踪太空磁场的三颗卫星的名称。芬利在哥本哈根的老板尼尔斯·奥尔森（Nils Olsen）被称为

SWARM 卫星数据分析的权威。如果你是一名研究地球磁场变化的科学家，你就会明白芬利和奥尔森目前正在进行的工作。

正是通过芬利，我来到了这场南特会议。当我在哥本哈根见到他的时候，他就认真地告诉我，我目前想要了解的这个问题非常系统和专业。于是在他的建议下，我写信给南特会议的组织者并获得了作为记者出席的许可。在那里，芬利是我的会议向导之一，他在那里热情地为我指出要咨询的人并为我解释一些基本的概念。随着会议的进行，我在笔记本最后几页写满了问题并附了一个标题：问芬利！

在哥本哈根，他完全是在和时间赛跑，我是在他准备教案和另一场会议报告的间隙里做的采访。他时不时跳起来冲到自己的电脑前，通过电脑中的 PPT 来回答我的问题。PPT 上有他教授课程的笔记，然后他会从里面找出地球磁场的彩色地图来为我详细解释。这种借助于图像的阐释方式就像之前的古宾斯，以及在利兹大学指导他获得博士学位的杰克逊那样，这些地图蕴含了他对这个领域的理解以及地磁场是如何变化的重要信息。在芬利桌子的上方，九张打印出来的地图被小心地钉在了一个大型公告版上，除了一张外其余所有地图的四个角都用相同颜色的图钉固定。在公告板旁边的墙上有一块巨大的白板，上面密密麻麻地写满了数学公式和计算过程，并用蓝色、绿色和黑色做了整齐的标记。

所有这些工作都是为了了解地球内部的发电机。为此，芬利和他的同事创建了计算机数值模拟的模型，看它们是否可以复制出产生地球磁场的发电机。希望通过模拟既可以了解今天的磁场，也可以预测其未来的运动。事实证明，模型中的关键组件似乎是环流。

对数值模拟结果最匹配的解释是，环流是地球外核中一股熔融金属，它们夹在地球固态内核和地幔之间。地幔和固态内核由于引力被锁定在一起，但在地核深处的熔融金属对流倾向于将内核推向更东的位置。因此为了保持平衡，在靠近外核顶部的环流被迫向西移动。这便解释了哈雷首次注意到的地球磁场的向西漂移现象。同时，由于固态内核运动的不平衡性，印度尼西亚下方的区域正以更快的速度凝固，因此这个过程也会对环流施加压力，使其处于偏心的状态。这也解释了为什么磁场的长期变化主要发生在地球的大西洋一侧，而不是太平洋的一侧。如此看来，几个世纪以来，所有那些在欧洲和北美测量磁偏角和磁倾角的航海家都相当倒霉。如果地球磁场的变化发生在北美到亚洲的一侧，那么水手就会更容易地应对航海上的问题。当然，如果真是这样，也许磁学十字军运动和经度测量的竞赛根本就不会在历史上发生。

芬利在一篇论文里提出了一个可视化模型，这个模型展示了 2015 年时地球外核的环流样子 [1]。这个模型由血红色和深蓝色的线条组成，类似于医学教科书的解剖学插图，动脉和静脉交织在骨肉当中，这仿佛是一个寻找地球内脏的插图。这个模型的结论之一是地球内部的解剖结构并不对称，基本是倾斜的。这个模型不同于上个世纪初研究人员所认为的条状磁铁结构，也不同于一百多年前开尔文勋爵的熟鸡蛋结构。奥德姆、杰弗里斯和莱曼的地震学分析首次窥视了地球的内部结构，但是他们肯定认不出眼前这只暴躁而复杂的玩意。

在芬利的模型中，正是这种肢体到处伸展的奇怪的环流组合驱动影响着偶极子的几个关键现象，进而进一步影响着地球的磁场。在他的模型中，环流强健的四肢通过外核向上和向下伸展。在北半球，它们以平稳的方式传输着磁场通量：上升到极点然后下降到了赤道。在南半球，情况则复杂得多。有一股强大的磁流从澳大利亚西南部直接流向赤道方向，且没有被流向位于南美洲南方的南极的类似的磁流所抵消。与之相反的是，古宾斯和杰克逊在南方追踪到的反向通量异常区也越来越大。正是这种南半球的不对称性消耗着地球当前的偶极子场能量。

芬利认为这点非常重要，它表明了地球核心内部的磁场结构非常多样化，另一个新的发现可能会让吉尔伯特和哈雷这些早期的磁学研究者感到震惊。2017 年，从距离地球中心约 64000 公里的太空进行观测，发现该处的偶极子分量占该处总磁场能量的99.9%。而在地球表面，这个比例是 93.2%；在地幔与外核交界处这个比例仅为 38.6%。偶极子之外则是一些更小、更复杂的磁场情况。地核与地幔边界处的数字最准确地反映了地球内部正在发生的事情，因为它更接近磁场产生的源头。这意味着在地球表面看来只是偶极子场的微小变化，从地核看来，可能是整个磁场的巨大变化。

此外，地核地幔边界上的反向磁通量斑块与地球表面磁场中的一个异常的衰变损伤有关，就像苹果上的一个变质斑点。芬利再次转向他的电脑。之后他找出一张彩色地图给我。这是一个由鲜艳的绿色、蓝色、红色和黄色组成的二维全球地图，顶部散布着一连串的白点。这是地球表面磁场强度的图像，是磁学十字军运动绘制的那些地图的后代，是古宾斯和他的团队在 20 世纪 80 年代绘制的那些地核地幔边界图的近亲。

这幅地图里的大部分区域是绿色的，这种颜色相当于 40000 nT（磁场强度单位：纳特斯拉）左右的磁场强度。在北极和南极附近的斑块则是深红色，表明这里的磁场强度接近 60000 nT。但令人感到奇怪的是大面积的蓝色区域。它从非洲南部的东侧边缘一直延伸到大西洋，远至南美洲的西部，从赤道几乎延伸到南极洲。这是一个低场强的区域，只有 20000 nT 左右的磁场强度。在蓝色区域的顶端，以及其他一些卫星飞越时并没能记录下数据的区域，就留下了白色的斑点带。

这就是南大西洋的磁异常区，因其场强非常低且位于赤道下方的大西洋中心而得名。事实上，由于这个区域的磁场强度已经相当弱，以至于太阳辐射已经足够接近地球表面，进而影响了卫星上元器件的正常工作。

这个区域的存在让地球物理学家感到颇为意外。在人们获得卫星传输的磁测数据之前，人们普遍没有意识到它的影响会有如此之大，部分原因是在漫长的地磁测量史当中，南半球的磁场测量数据相对较少。人们第一次看到这个区域的清晰卫星磁测数据是 21 世纪初的奥斯特卫星和 CHAMP 卫星传回来的数据。但是，当 SWARM 卫星从 2015 年开始传输更加精确的信息时，人们发现它的影响变得更加显著。这片磁异常区不仅很大，而且还在向西移动并迅速增长，进而导致区域内磁场强度的快速衰减。

南大西洋磁异常区不光在地质学上影响深远，在人类的日常生活中也是如此。在 2016 年发表的一篇论文指出 [2]，如果将磁异常区的范围定义为在地球表面磁场场强低于 32000 nT 的区域，那么从 1955 年到 2015 年，该磁异常区的总面积增长超过了 50%，达到了 53%。今天它已经覆盖了超过地球五分之一的范围。在地球表面，南大西洋磁异常区的面积从 60 年前的占据地球表面积的 13.3% 已经上升到了如今的 20.3%。与此同时，这片区域中磁场强度最低的部分仍在继续衰退，它的磁场强度已经从 24000 nT 下降到 22500 nT 左右，下降幅度达到了 6.7%。

那么新的问题就出现了：这个扭曲的环流是否与偶极子场的不平衡有关，继而这种不平衡的偶极子场是不是又产生了南大西洋的磁异常区，这是否就是人们长期以来寻找的地磁逆转的机制呢？这些证据是否可以表明，地球内部那些蠢蠢欲动的其他磁场力量是否要推翻主导偶极子场了？那两极是否已经开始准备换位了呢？

除了那些已经确定的真相之外，芬利并不会说出其他更多，这是他多年科学训练的结果。他希望他所讲述的都是已经确定的事实，比如这些环流是或者不是地磁逆转的关键。他希望能够准确说出如今地磁场是否正在逆转。但他还不能，他能说的最明确的事情就是如今地磁场的两极在某些时候肯定会逆转，因为它们已经发生了很多次，而且不能排除现在就处在地磁逆转早期阶段的可能。

事实是，无论是他还是其他任何人都不知道地磁逆转刚开始的时候是什么样子的。虽然有很多人提出了很多理论，但目前的学术界还没有就此达成共识。在岩石中几乎没有具体的证据表明，在以往的逆转开始发生时，地核究竟发生了什么。从地质学的角度来说，地磁逆转发生得太快，不足以获得从一个场强方向到下一个场强方向过渡时期里的足够数据。实际上，目前还不清楚岩石是否能在高度受干扰的逆转磁场中捕获磁场信号[3]。通常它们只能记录下地磁逆转发生过这样一个事实。

关于地磁逆转的原因学术界至今也没有达成共识。可能就是环流，也可能是其他原因。当芬利和其他人让他们的计算机模拟在地球内部产生逆转的过程时，有时它类似于今天在现实世界实实在在发生的事情，但有时并不是。一个反极性的磁异常区可能会增强并从赤道移动到极点然后导致地磁反转。但是在另一些模拟中，反向通量的异常区变强以后，会被偶极子场击退，偶极子场重新掌握了控制权，逆转被避免。

如果现在就发生一次地磁逆转，那么它会有怎样的过程？回答这个问题首先取决于目前在这个过程中所处的位置以及这个变化过程所需要的时间，但其具体的步骤则远没有达成共识。目前普遍公认的是逆转有三个不同的阶段。首先是偶极子场减弱的时期，随后是两极迅速地移动到它们在地球上的相反方向，最后是偶极子场再生的时期。但是并没有人知道每个阶段究竟会持续多长时间，以及在每次逆转时它们的持续时间是否会保持一致。一般的想法是每个阶段至少会持续数百年，或许更长的时间，至少不会出现迅速完成地磁逆转的情况。但即使是这点共识仍然存在着争议。意大利研究员莱昂纳多·萨格诺蒂（Leonardo Sagnotti）最近发表的一篇论文指出[4]，他研究了亚平宁山脉中连续的沉积物，计算出最后一次地磁逆转是在 78 万年前，它发生在不到一个世纪的时间里。而之前大多数其他证据表明地磁逆转从开始到结束需要大约 1 万年的时间。这是至关重要的一个问题，因为人们担忧的核心不是地磁逆转本身，而是在地磁逆转过程中地磁场弱化导致的额外辐射会离地球多近，以及辐射会持续多长的时间。

虽然地球目前的偶极子场已经衰减了多长时间依然存在着争议，但地球物理学家已经可以明确的是，今天它的强度大约是过去五次逆转前强度的两倍[5]。自 1840 年高斯第一次测量出磁场强度（距今不到 200 年）以来，它平均每年衰减 16 nT。也就是说自 1840 年以来，地球磁场总共下降了约 10% 的场强。但这是地球表面的情况，而不是地核地幔边界的情况。如果整个偶极子场继续以这样的速度衰减，那么部分地区的磁场将在不到 2000 年的时间内消失。但目前尚不清楚偶极子场会衰减到什么程度才能使非偶极子磁场夺权从而引发地磁逆转。而且地磁逆转的过程中场强是否必须先减小到零？还是说有其他的可能？

同时，正如芬利反复指出的那样，线性模型在拟合地磁场中作用不大，地磁场的本质是非线性的。对于物理学家和数学家来说，非线性具有更精确的意义，线性意味着你可以清楚地知道添加某些内容后对应获得的结果。就像正在制作的蛋糕，配料加倍就会得到两倍大小的蛋糕。而非线性意味着输出与输入不成正比[6]。如果每个变量加倍，则结果不一定会是双倍。虽然可以解决问题的各个部分，但是将它们放在一起时，可能无法得到期望的答案。不仅如此，当这个非线性系统的组成部分发生变化时，更难弄清楚答案究竟是什么。

接下来就是混沌系统的概念，一些非线性系统同时也是一个混沌系统，这意味着初始条件的微小变化可能会导致结果剧烈且不可预测，甚至是违反直觉的改变。曾经发生过并不意味着它将来还会以这种方式发生，但这又不代表是随机，这些系统仍然会遵循着明确的规律。此外，混沌系统随着时间的推移不会显示出可辨别的简单模式。混沌系统概念最著名的解释来自气象学界[7]。美国数学和气象学家爱德华·洛伦兹（Edward Lorenz）在1961年曾经试图找出一种可以预测天气的方法，他运行了一次计算机模拟程序，在时序中间开始重新运行了一次程序，但他无意中输错了数据的一个小数点。虽然计算机的程序并没有改变，但预测的结果截然不同。洛伦兹最终用这样的语言描述了它：如果一只蝴蝶在巴西拍打它的翅膀[8]，那么它是否会引发得克萨斯州的龙卷风呢？他把这个解释称为"蝴蝶效应"。即微小的变化可能导致结果上巨大的差异。

我问芬利地核是否属于混沌系统。他停顿了片刻，想了一会儿，然后回答也许是吧。地核是一个动荡而激烈并具有非线性特征的地方。地磁逆转并不会及时显示出简单的模式，而模型对初始条件非常敏感，这些会让它变得更加混沌吗？他表示这的确是一个非常可能的假说。

其实非线性的混沌概念并不是在20世纪60年代才被提出的，它有着更深刻的历史根源。250多年来[9]，自从艾萨克·牛顿提出他的万有引力理论，数学家们一直试图解决三体问题的难题。这个问题是这样的：有三个粒子（或天体）在空间中移动，它们之间通过引力连接；通过已知它们现在的位置，确切预判它们未来的位置。事实证明，除了一些特殊的场景，人们是无法获得唯一解的。可以解决一个和两个天体的问题，但是无法解决三个天体相互作用的问题。这意味着物体的运动是非线性的，不可能随时间被简单预测。

同样地，预测地球核心的变化也是一个类似的问题。可以大致了解地球核心现在正在做什么，可以或多或少知道它曾经做过什么，可以知道它必须遵守的物理规则，并且知道地磁场的方向必然在某个时刻发生变化，但不能确定变化会在什么时候发生。问题的关键在于很难去了解初始条件，任何一个微小的变化都会带来巨大的差异，除此之外，地磁逆转是非周期性的，这意味着与太阳磁场的周期性变化不同，它们不会以任何人都能看得出的周期来发生变化。

自从亨利·盖利布兰德于 1634 年在约翰·威尔斯的花园测量磁偏角以来，试图预测地磁场变化的努力一直以某种形式进行着。它主要来自理论层面，且是在没有足够的知识或数据的情况下进行的；而基于更精确信息的努力则是最近几十年才发生的事，现代地磁学的整个研究其实也只有几十年的历史。直到 2013 年 SWARM 卫星发射入轨之后，通过它传回的最精确的数据，才可以让研究人员做更精确的计算。这代表着人类最尖端的科技。

当今的科学家处于怎样的科技发展前沿的状态呢？在此做一个简单的对比。我在哥本哈根芬利的办公室里注意到的第一件物品就是哈雷根据自己 1700 年在"帕拉摩尔"号上的观测结果所绘制的横跨大西洋的磁偏角地图的全彩复制品。哈雷认为，一旦他绘制了这幅地图，它们将成为通过磁偏角判定海上位置长期而宝贵的记录。但实际上，这些磁偏角几乎在发布时就已经过时了，因为地磁场就是如此的变幻莫测。

而今，即使在哈雷工作的基础之上又增加了三个世纪的信息和工作，地球物理学家也只能预测五年左右的地球表面磁场的变化，不能再多了，超过五年的预测只能称为占卜。因此，每五年，全球的地球物理学家就会聚在一起用数学方法来预测下一个五年的磁场变化趋势并将其发布，免费供所有人使用，被称为国际地磁参考场（International Geomagnetic Reference Field，简称IGRF），每个版本在新版本制作时都会过期。这些模型都做得非常详细[①]。芬利是 2010 年版的主要作者。对磁场方向的了解是许多现代导航和定位系统以及地下工业的重要组成部分，在 GPS 卫星系统无法正常工作或完全失效的情况下，它还适用于航空航天领域的制导。在今天，即使智能手机也依赖于芬利及其同事制定的磁场模型。

这份五年期的预测是对整个地球表面磁场的预测。而要预测地磁场的源头以及地核内环流的变化则是一个更复杂的前沿问题。如果想要进一步预测两个地磁极会怎样变化，则更加困难了。这里还有一个发人深省的事实[10]：虽然地球物理学家正在努力研究过去地磁反转的过程，想要借此来寻找未来地磁反转的线索，但也存在每次地磁反转的情况都是不同的可能，或者由于地核本身也在发生变化，过去的线索将不再能解决未来的问题。

[①] 中国 2018 年发射的"张衡一号"卫星，其上搭载的高精度磁强计探测数据生成的全球地磁模型入选 IGRF 候选模型。——译者注

第二十三章　最糟的物理学电影

在南特会议上，地磁场两极是否正处于逆转之中这个问题仿佛《麦克白》中班克的鬼魂：不受欢迎又被人有意忽视。没有专门讨论它的会议，只有几张海报提及它，也是有限提及，仿佛一行密码。有位科学家在一次报告后被询问地磁逆转问题，被主讲人巧妙地转移了他们不仅有义务找出问题的答案，还有义务警告世人其严重性，就像气象学家有义务指出大气中二氧化碳浓度升高究竟会产生怎样的影响，警告世人气候变暖的危害一样。但是，这些地球物理学家却像受到了诅咒一样，默不作声。在卫星数据开始传回，认真考虑过地磁逆转有可能在未来几十年发生之后，他们又开始退缩了。

我找到了马里兰州巴尔的摩市约翰霍普金斯大学的退休教授彼得·奥尔森（Peter Olson）。作为世界上最杰出的地球物理学家之一，他在 2002 年撰写了一篇著名的评论《消失的偶极子》发表在《自然》上[1]。文中提到过去 150 年的时间里偶极子场"正以惊人的速度下降"。虽然断言偶极子场会一直减弱直到消失"为时尚早"，但他指出了不断增长的反向通量，认为其试图对地磁场的逆转"可能正在进行中"。同期的《自然》中还有

另一篇著名的文章 [2] 暗示了卫星数据显示地球内部的动力场可能正在准备逆转。在 2008 年的《自然》中，古宾斯的一篇文章补充说，我们目前的情况"可能是逆转的一个开始 [3]，但我们还没有达到不可挽回的程度"。这些都具有猜测的成分，和我见到芬利时他得出的结论没有太大的区别，但还是比今天的主流理论更大胆。地磁逆转迫在眉睫的观点足够吸引人，也足够激发出公众讨论的热度。20 世纪 90 年代主流媒体上曾有大量文章以此作为噱头，2003 年还有一部名叫《地心抢险记》(*The Core*) 的电影，故事的背景是有一天地球核心突然停止运动，地球的磁屏蔽开始失效，致命的太空高能辐射使心脏起搏器停止作用，导致人类死亡；整个人类文明受到了巨大威胁。它被评论家认为是有史以来最糟糕的物理学电影。

我向奥尔森询问地磁逆转方面的问题，他看起来略显无奈。奥尔森说，如果南大西洋磁异常区的面积扩张到地球表面积的 30%，那或许是地磁逆转的开始，但它更可能只是一个阶段。（今天，这个面积究竟有多大取决于你如何测量它，它大约有地球表面积的 20% 以上，高于 1955 年的 13%。）那么地磁逆转会发生吗？他说，这根本无法预测，就像你无法预测从现在开始到十年后飓风会出现的时间和地点一样。奥尔森的研究方向之一是地磁逆转对大规模灭绝事件的影响，但直到今天他依然不能从中找到一条清晰的逻辑线索。"这并不代表着人们没有对此进行过深入地思考。"他补充说道，在座各位科学家关于这个问题的思考和研究将使整个会议更有意义。但是正如我所想的那样，我意识到在南特的这次会议并没有气候变化大会上的那种紧迫感。

我又找到加利福尼亚大学圣地亚哥分校斯克里普斯海洋研究所的地球物理学家凯西·康斯特布尔（Cathy Constable）。凯西作为地球物理统计学领域的国际领导者，她和她的研究团队一直在不遗余力地构建数百万年前的地球磁场模型。她用这些模型来重建历史上地磁逆转期间地球磁场的模样，并将这些场景与今天的场景进行了对比。在会议休息期间，我问她如今地球是否处于地磁逆转期间。"不，不！"她说，"我们这一辈子都不会发生！"

2006 年，当时还在德国波茨坦地球科学研究中心的康斯特布尔和莫妮卡·科特（Monika Korte）发表了一篇文章，详细论述了即将发生地磁逆转的可能性并进行了数学上的评估。阅读这篇文章就像阅读一份清晰的法律简报[4]。这篇文章的核心假设是，我们越了解曾经的逆转，就越能预测现在是否正在发生逆转。那么，是否这次逆转已经推迟了？距今最近一次地磁逆转发生在 78 万年前，在过去的 9000 万年中，每几百万年就会发生三次左右的地磁逆转。因此，有人说，是时候再次发生地磁逆转了。但康斯特布尔和科特对这些数字逐一做了辨析，发现这些结论在统计学上是存疑的。地磁逆转也许会，也许不会。且随着时间的推移，地磁逆转之间的时间间隔超过 78 万年并不是一件稀奇的事。

那么，又应该如何看待当前的偶极子场正在快速衰减的理论呢？康斯特布尔和科特指出，虽然偶极子场正在减弱，但如今减弱的趋势与过去 7000 年的情况一致。没有什么特别之处。在过去 7000 年的其他时间，它在没有导致两极翻转的情况下衰减得甚至更快。不仅如此，与其他逆转时的偶极子场强度相比，如今的偶极子场仍然十分强劲。与过去 1.6 亿年的平均水平相比，它甚至远强于过去的平均水平，几乎是平均水平的两倍。南大西洋磁异常区在触发逆转方面的作用有点难以分析。目前得出的最好结论是：没有明确的证据可以支持地磁逆转即将出现。

到目前为止，虽然地磁逆转具体的时间无法确定，但是这并不能阻止地球物理学家解开这个谜团。例如，科学家们发现一直游荡的磁北极已经开始以每年约 55 公里的速度向北偏西北方向飞奔。（相比之下，磁南极则保持着平缓漫步的状态。）自 1999 年以来，它的运动轨迹就像一场横跨北极的惊险赛道，这表明地球磁场正在快速变化，地球的外核正在发生一些事情。

新近的论文使用了新的方法，在地磁逆转问题上与康斯特布尔和科特得出了不同的结论。法国的一项研究[5]调查了过去 75000 年的沉积岩、火山岩以及格陵兰冰芯中铍元素和氯元素的放射性同位素随时间沉积的情况。宇宙射线袭击地球上层大气时产生的放射性同位素的密度是衡量地球偶极子场强度的一个很好的指标。同位素的含量越多，说明偶极子场的强度越低。卡洛·拉伊 2002 年前往庞特法林重复了白吕纳的测量，在拉尚地区最近一次地磁逆转的岩层中测量得出的结论与同位素研究的结论有着极好的一致性，这无疑是对白吕纳方法精确性的一种认可。他们最终得出结论，地球磁场衰退得如此之快，以至于地磁逆转会不可逆地发生，但是磁极本身不会在最近 500 年内发生逆转。逆转的风险不在于磁极的具体转移，而在于辐射带来的对磁屏蔽强度的减弱，这一发现意味着未来 500 年或更长时间内我们需时时保持警惕。结论并不让人欣慰。

　　两位意大利研究人员[6]采用了一种完全不同的、极具争议性的研究方法。他们使用理论系统学方法研究地磁场，研究它如何与地球的其他系统相互作用。南大西洋异常的活动使他们得出结论，今天的地磁场"相当特殊"，正在接近一个关键的节点。他们甚至提出了不可逆转的节点的具体时间——2034年，误差最多只在前后三年。这不是地磁逆转将发生的时间点，而是地磁逆转变得不可避免的时间点。

　　美国罗切斯特大学的地球物理学家约翰·塔都诺（John Tarduno）和其他研究者一起做了一项巧妙的研究[7]，研究了从公元1000年的铁器时代开始，生活在非洲林波波河（Limpopo River）沿岸的班图语人烧毁的黏土小屋。这些黏土小屋是南半球那些罕见古代遗迹中的一部分。当不下雨时，这些非洲早期农民便会在净化仪式中焚烧储藏小屋，焚烧的过程会将富含磁铁矿的黏土温度加热到它们的居里点之上。当重新被冷却后，它们便载入了当天该处的磁场信息。塔都诺与其他考古学家合作，发现非洲这一地区在700年前的磁场强度处于低谷。之后该磁场的强度又经历了重新升高和再次下降并成为了南大西洋磁异常区的一部分。

　　塔都诺认为，这一发现具有重大意义，因为无论是当时还是现在，磁场中的这片异常区都位于地幔和地核接壤处一块不寻常地层的边缘地带。这是一个有着数百万年历史的地块，有着非常陡峭的边缘，地震波在这里只能以极低的速度移动。塔都诺认为这个地块会影响熔铁在外核中的运动，改变其磁流，从而改变磁场的方向，产生现在人们看到的反向通量，在地表上抵消主磁场的强度。塔都诺认为这不是地核中触发的随机现象，也与芬利提出的环流无关，而是地幔中触发的特殊现象，特别是如果把几个反向通量补丁连接起来，就会更容易得出这样的结论。虽然塔都诺没有明确指出地磁逆转近在咫尺，但他强调了过去 160 年间地球磁场偶极子的剧烈衰退[8]，并称其"令人十分担忧"。

今天，阐释地球磁场如何运作的新发现不断涌现。2017 年发表的一篇引人入胜的论文[9]研究了公元前 750 年至公元前 150 年，耶路撒冷附近黎凡特地区陶罐的手柄。制作中的手柄仍处于湿润状态时被印上了犹太的皇室印章，这意味着它们烧制时的日期非常精确，记录的磁场日期也非常准确。通过岩石能获得如此精确的时间信息十分罕见。就在公元前 700 年之前，该地磁场的强度飙升了约 50%。与现在相比，当时记录的磁场已经非常强劲了，随着被记录的磁场强度不断飙升，它的强度几乎已经是现在的两倍了。奇怪的是，磁场强度在之后突然开始降低，在短短 30 年内便减少了 25% 以上。这比地球物理学家认为可能的地球外核磁场的变化要快得多。如果这份记录是真实可信的且没有其他更好的解释，那毫无疑问它呈现了以前无法想象的一种地磁强度的波动。

法国地球物理学家让-皮埃尔·瓦莱特和亚历山大·富尼耶（Alexandre Fournier）为他们的同事提供了一些新的思路和证据。在一篇详尽的评论文章中，他们认为理解地磁逆转的法门在于更深入地研究沉积岩的相关情况，主张尽快推广研究岩石剩磁的新技术，特别是在过渡期中能够跟踪磁场的技术，更多地使用新的磁强计来测试极其微小的岩石样本，同时再使用铍同位素来读取岩石准确的时间。他们写道："尽管存在许多未解决的问题，但我们不会悲观 [10]，我们认为找到地磁逆转的合理的解释还是有希望的。"

来来回回，循环往复。就像研究地球变幻无常的磁场这个漫长的过程一样，很多时候，这些问题超出了现有技术所能提供的答案的范围。

那么要解决这些问题，到底应该从哪里开始呢？芬利将目光聚焦在了一个新的研究角度上。不是从更古老的岩石中挤出更多信息，不是对岩石做出更详细的分析，也不是计算出更符合现实的磁场数值仿真模型，而是试着复制出地核内部的自我维持的发电机。这意味着不再局限于地球表面，或地幔和地核之间的边界，而是进到外核，探究得更深，去发现其中的奥秘。其中一项寄予希望的实验是由丹尼尔·拉斯洛普（Daniel Lathrop）在马里兰州的一个实验室进行的。芬利透露，整个地球物理界都屏住呼吸，等待着拉斯洛普的实验结果，看他的实验是否可以重现地球"发电"的过程，也就是说，制造一台能自己发电的发电机。这或许将成为希拉里·斯万克主演的《地心抢险记 II》的主要剧情？

第二十四章　旋转钠球的冒险历程

在我参观拉斯洛普实验室前的那个晚上，马里兰大学帕克分校狂风暴雨，电闪雷鸣。第二天早上，这片格鲁吉亚式的校园绿地被雨水浸透了。空气很潮湿，但栗树的叶子依然挺立，生机勃勃。拉斯洛普小跑进办公室，之后逐步放慢脚步停下来，开始说话，语速极快。拉斯洛普身材高挑，穿着卡其裤，像他所研究的课题一样热烈而生动。这个暑假，他准备带着全家深入横跨北美的落基山脉，到位于加拿大阿尔伯塔省的卡尔加里，他计划在那里租一辆大型房车，并在两周的时间里尽可能多地游览加拿大国家公园。

他打趣道，地球核心内部有台机器不停地在创造和摧毁这个星球的磁场，这台机器被称为地球发电机。他向我解释地球的核心不是永久磁化的，其实地球的核心不能永久磁化，因为它的温度远远超过了居里点。那么，地球的磁场又应该如何解释呢，它来自哪里？人们应该如何理解地球的磁芯？如何用数学的方法来描述它？如何在实验室中运用数学预测其运动，以便能在现实生活中加以利用？

拉斯洛普说，问题的关键在于湍流。目前我们的数学工具可

200

以轻松描述液体如何在封闭空间中进行流动。有时它很平静，有时很动荡。这种动荡的状态便被称为湍流。湍流越多，预测则越难，非线性的程度也越大。拉斯洛普曾是地球物理学教授，他借助于地球的大气进一步解释道，比如我们前一天晚上遇到的冰雹和雷电风暴，它们就是大气流体介质中的湍流。在大气当中，可以清楚地看到发生了什么。如果创建一个模型预测下周的天气但是发现有误，可以调整模型参数进行修正，这种不断地迭代和修正使得模型随着时间的推移能够越来越准确。但在地核方面，则要困难得多，由于无法看到地核内部发生的风暴，因此创建一个准确的预测模型变得尤为困难，需要花费更长的时间。拉斯洛普遗憾地说，恐怕需要几十到几千年的时间，这在科学家短暂的职业生涯里是很难实现的。此外，地核远比大气要大很多，因此其动荡程度远远大于大气层，使预测更加困难。

为什么外核中会发生湍流？它的机理究竟是什么？

拉斯洛普噌地跳起来，在桌子旁边的黑板上写了一个简单的公式。（"这是我为你写的唯一方程。"他笑道。）这是雷诺数计算公式，通过流速乘以尺寸再除以黏度系数来描述流体的运动情况。它表明任何大的物体都有非线性流动，必须且只能是波动的。这是大自然的法则，也是物理学的工作原理。例如，流过毛细血管的血液具有较小的雷诺数，因此它以相对平静、容易预测的方式流动，几乎没有湍流；云层则具有很高的雷诺数，因此它们的流动是非线性的，有时会导致风暴或飓风；而地球核心的流动几乎确定无疑是非线性的，毕竟地球核心是如此之大。

"你必然会想到地核内也会有不同的天气。"拉斯洛普不动声色地说道。事实上，我们可以写出获得地球核心雷诺数计算公式，但是问题无法解决，尽管科学家还不愿意承认这个事实。这意味着目前没有任何科学方法——无论是理论方面，还是数学方面——预测地球磁场五年以后的状况。人们没有办法预测更长的时间，也没有办法超越芬利和他同事每五年制定国际地磁参考场的精确程度。这就像天气一样。预报员可以很好地了解明天、下周甚至两周后的天气情况。但是如果想知道十年后的元旦温度是多少，气象学家目前完全没有办法回答。

正是这些困难引导拉斯洛普开始进行他目前的实验，在这个最前沿的实验当中他试图复制地球动力场的运作。爱尔兰数学家约瑟夫·拉莫尔（Joseph Larmor）在1919年写了一篇两页的论文，在这篇论文中他表示，地球和太阳的内部可能都有一种自我维持的流体在移动，这先于哈罗德·杰弗里斯爵士发现地球核心是流动的，以及英格·莱曼找到流动的核心内还有一个固态内核。拉莫尔在皇家学院的地下室里使用迈克尔·法拉第留下来的实验设备，以寻找地球内部动力场的秘密。地球内部通过对流将热量释放到旋转的熔融金属中，而这些熔融金属的原子具有不成对的旋转电子。这些富含热量的对流在地球内部产生了流动的电流体系，正如法拉第当年猜测的那样，而这产生了磁场。但在当时，拉莫尔的想法受到"反动力场"学说支持者的激烈反对，这种反对的声音直到第二次世界大战后才逐渐消失。而后的科学家们使用世界上第一台超级计算机，通过一系列精彩的地球动力学数值模拟过程在1995年对地球内部动力场进行了全面模拟。在模拟中，地球内部动力场的磁场有几次都自发地反转了方向。加州大学圣克鲁兹分校的地球物理学家保罗·罗伯特（Paul Roberts）和加州大学洛杉矶分校的盖里·格拉茨盖耶（Gary Glatzmaier）的模型表明，地球的外核经常试图逆转，而内核通常会阻挡这些情况的发生。模型结果表明，地球神秘的内核是逆转与否的关键。拉斯洛普下一步的研究关键就是，是否可以在实验室中创造出真实的地核动力场。

实验装置建在校园附近的一幢建筑物里，我们快步赶往那里时，拉斯洛普向我解释了它工作的原理。最近拉斯洛普有很多时间和记者在一起，比如，在我的访谈结束后，还有一个小时其他媒体的采访。他非常擅长向大家详细解释他在实验室里所做的工作，从来不提那些发现带来的烦恼。对于他来说，科学是为了满足好奇心，消除不确定，是一项让人着迷并永无止境的活动。他说："我尽量在告诉大家时不抱有强烈的个人色彩，因为这可能会导致偏见。"事实上，他对结果会怎么样并不特别在意，他喜欢的是解构科学和发现科学的过程，"所有的科学结论都是暂时的，"他耸了耸肩。

他用了八年的时间设计这个前卫的实验细节：外部为一个直径 3 米的中空不锈钢球体，内部是一个直径 1 米的球体，参数基于地球内核与外核的比例；每个球体可以独立旋转并连接到电机；外球体与磁线圈绑定；两个球体之间的空隙填充 12.5 吨液态金属钠。钠是一种银白色的金属，非常柔软，可以用刀切割，其最外层的轨道中填充着一个不成对电子。钠是法拉第的老师戴维在 19 世纪早期发现的几种元素之一，戴维通过伏打电堆电解了很多种物质，用电流将化合物分解得到单质。钠是地球上最好的液态导体，因为铁的熔点太高，拉斯洛普便选择液态钠来代替地球外核中液态的铁和镍。

钠具有可以致命的爆炸性，甚至在室温之下都可以引爆。任何接触到钠的水，即使是一滴汗，都会导致它发生剧烈反应。在较高的温度下，它甚至会自燃，产生过氧化氢烟雾，而这足以烧伤皮肤，损害肺部。现在，钠一般用于冷却核反应堆，其异常的高挥发性也导致了这些反应堆中的钠燃烧事故时有发生[1]。

由于拉斯洛普的球体中有如此多的钠，以至于他的团队每次实验前必须花费一天半的时间使这些钠的温度高于其 98 摄氏度的熔点，处在液态之中，这个温度已经相当接近常温常压下水的沸点了。他们在每个星期一早上开始熔化钠，并在星期二下午开始旋转球型实验装置，然后他们会让实验装置一直运行到星期五，这才算完成一轮实验。之后，他们会花三周的时间处理实验数据并调整实验装置。他们把球体装置封闭在一个巨大的金属盒子中，安置在一个巨大的实验空间的中心。球体旁边的楼梯能够到达顶部的平台，实验室工作人员在那里安装了一台计算机。当球体旋转时，实验室禁止访客进入，团队成员必须在几米远的安全控制室内使用计算机终端进行操作。当我们进去的时候，我问："这会有危险吗？"拉斯洛普答道："我更喜欢把这称为'有害的'。"

如果想要持续运行这个实验，除了拉斯洛普所强调的"杜绝火灾和杜绝人员伤亡"的决心和困难，目前依然面临很多问题。其中之一是实验原理是否可行，是否能在液体钠球体里造出与地球内部动力场尽可能相似的自我维持的液态钠发电机？此外，装置内的旋转是否可以形成湍流？如果可以形成湍流，湍流又会如何影响钠的导电能力？这些都是眼下的难题。从长远来看问题更加尖锐。这一部钠"发电机"本身是否可以让拉斯洛普和他的团队见证其内部的磁场逆转？更进一步来说，这个实验装置是否能够帮助他们弄清楚如何预测地球磁场的变化？因此，研究团队需要让球体旋转得足够快从而在液态钠内部产生湍流，模拟地球内部运动。研究小组还在球体上施加一个微弱的磁场，就像在犁沟中播种一样，观察液态金属钠是否会产生更大的、能够自我维持的磁场。到目前为止，虽然钠的流动能够将施加的磁场放大十倍，但并没有产生过能够自我维持的动力场，也没有发生过磁场的逆转。

所以，如果没有发电机，就没有方法解决描述地核湍流的雷诺数的问题，目前为止我们还没有能力预测地球磁场会做什么，也无法说明地球磁场是否处于逆转过程中，以及磁场的逆转会如何发生。实际上，在过去的地磁逆转过程中，并没有人确切知道当下地磁场的样子，也不确定地球内部动力场现在的运行方式与过去数十亿年来的运行方式是否相同[2]。

拉斯洛普表示，结果是没有办法预测的，我们也无法做好万全的准备。但换一个思路来看，也许我们也不需要准备什么，不需要去预设立场，只要严谨务实，大胆去做，如果还能得到结论，那真是再开心不过的事儿了。

那现在应该做一些什么呢？拉斯洛普、芬利、康斯特布尔等诸多科学家都在为之努力，大家关心的是地磁场如果发生逆转，会发生什么。那时保护地球生命的地磁场在地磁倒转时期也许只有其正常强度的十分之一。拉斯洛普说，由看不见的磁力线组成的弹性网状的磁层，使我们的星球成为宇宙中高能辐射的庇护所的磁层，可能会以更复杂的模式出现。当偶极子场被其他磁场击退时我们的地磁场会是什么样子？那时它会是怎样一种保护力呢？

虽然康斯特布尔对于地磁即将逆转的想法不屑一顾，但她也表示自己并非持乐观态度。目前的地球磁场显然不稳定。她指出目前发现的历史证据表明，在过去的几百年里，人们一直生活在一个异常强大的磁场中，而这个磁场正是开发出现代电磁技术系统的基础。当磁场减弱，太阳辐射越来越接近地球表面时，这些系统就很容易受到辐射攻击。这甚至不需要达到逆转的程度。当她回顾过去 7000 年的历史时，她曾经在研究中见到过足以对人类社会产生严重影响的巨大地磁场波动。

至于芬利，他说自己从不会因为地磁场减弱的事而辗转反侧，难以入睡。事实上，他憎恶那些媒体在渲染地磁倒转时的危言耸听。他觉得目前最恰当的看法是地磁逆转将是一个需要数百甚至数千年的漫长过程。像康斯特布尔一样，他最关心的问题是逐渐衰减的地磁场将如何影响到人类目前的技术本身。他指出，在地磁场上一次完成逆转的时候，一个基于电磁系统的先进社会尚未出现。如果地磁场继续衰减，社会将不得不考虑如何修改电气技术方案以保护其免受太阳辐射的影响。什么时候开始着手修改当下的技术方案？他给出了科学家的回答：我们应该尽快开始准备。

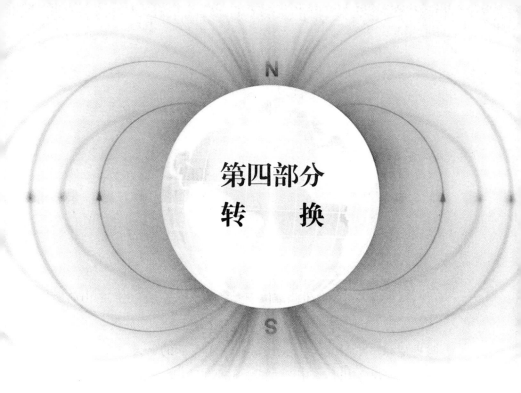

第四部分
转　　换

科学家必须具有思考未知事物的想象力。但与此同时，这种想象力也会受制于我们观测和认识世界的客观条件。

——理查德·费曼，《物理学讲义》，20 世纪 60 年代初

第二十五章　仰望

科罗拉多州的博尔德市位于大草原和落基山脉之间的山前地区，云层（如果有的话）时常在这片土地上投下清晰的影子。我与丹尼尔·N. 贝克（Daniel N. Baker）见面的那天，天气很热，这些外形很像熨斗的山脉直挺挺地矗立于天空下，仿佛随时准备熨烫巨大的衬衫。即使在中午，我也可以看到一丝微弱的月光。我在科罗拉多大学博尔德分校辽阔的校园中散步，低矮雪松香气弥漫，空气中混着春天第一片紫丁香的气味。

就像白吕纳和他在多姆火山上的气象台一样，博尔德高山天文台（High Altitude Observatory in Boulder）的创始人也是被这里的山峰吸引。随着太空时代在第二次世界大战后的几十年中蓬勃发展，博尔德高山天文台在这个风景如画的山前地区吸引了学术界、研究界和工业界的人们共同把这个十万人口的小镇从与科学格格不入的地方打造成了研究外太空对人类影响的国际动力基地。

贝克是众多来到这里的科学家之一，因为落基山脉明净的天空可以提供更多关于星星与地球的信息。20世纪60年代，他渴望了解日食，最终他成为了爱荷华大学詹姆斯·范艾伦（James Van Allen）的学生。1958年，当时世界上最著名的天体物理学家范艾伦在跨越地球磁赤道的区域发现了被地球磁场俘获的两个月牙状辐射带，后来该辐射带被称为范艾伦辐射带。范艾伦辐射带非常稳定，可以长时间可靠地存储辐射，且不让辐射松散或靠近地球表面。绝大多数辐射来源于高层大气中被宇宙射线撞击并分离的原子，在这个过程中产生大量的电子和质子。范艾伦辐射带的发现标志着太空时代的开始，它标志着地球磁层科学研究正式确立，这是地球磁场的空间组成部分，而这也让范艾伦两次成为了《时代》杂志的封面人物。

贝克读大二的时候，上了范艾伦开设的现代物理学课程。之后贝克在范艾伦的课题组寻得一份工作，从那以后，贝克一直从事与太空探索有关的工作，经常和导师范艾伦合作研究。1994年，在美国国家航空航天局（NASA）工作了一段时间后，贝克成为科罗拉多大学博尔德分校大气与空间物理实验室（LASP）的主任。2017年，他已发表了900多篇论文，这是四十多年持续不断的杰出的学术累积。贝克的特别之处在于他的写作风格平实生动，甚至有点在与读者面对面聊天的感觉，阅读他任意一篇文章，都仿佛有一种透过文章去听到他亲切声音的感觉，毕竟大多数的科学论文都乏味得很。

当贝克谈起2006年去世的导师范艾伦时，他瞬间变得神采奕奕。他告诉我，范艾伦虽然名扬天下，但却让人感到自然而亲切。无论他走到哪里，记者都习惯把他团团围住，每个人都想和伟大的范艾伦聊上几句。他们问："范艾伦辐射带有什么用？"他回答："和大家的腰带一样，防止范艾伦的裤子掉下来！"

贝克的研究方向主要是太阳辐射对地球的影响。这两个天体有一种复杂的互锁关系，各自的弹性磁场通过辐射调节。这些辐射不是波长较长、缓慢、温和的红外辐射，也不是那些五彩斑斓的可见光，而是电磁场中危险的部分，是不可见且非常短的高频波。这些高频部分有足够的能量伤害一个原子或细胞，如 X 射线和伽马射线。"我的工作之一就是让这些肉眼不可见的高能辐射被看见。"他继续说道，"我在这个波长上所看见的是大多数人日常并不在意的内容。"

贝克研究的内容被人们称为电离辐射，因为它强大到可以迅速地将电子从轨道中撞出，产生离子，这是法拉第发明的名词。（离子是一种类似于原子或分子的物质，但电子的数量与质子并不相等，因而在宏观上带电。失去电荷平衡的离子急于恢复自身的平衡，这意味着它很容易与另一个原子或分子发生相互作用。）这些离子会威胁到地球生命的健康。

贝克特别感兴趣的是[1]另外一种不同形式的太阳能量，并非电磁场的一部分，而是具有高度破坏性的太阳高能粒子。由于太阳温度极高，无论是固态、液态，或是气态的原子都不能稳定的存在，因此太阳上的物质主要以等离子态的形式存在，是物质的第四态，也是最热的状态。太阳上的等离子也是氢原子和氦原子的必要组成部分。它们是带电的移动粒子：质子、电子、电离核。它们移动时，会产生电流并由此产生磁场。太阳上的等离子炙热无比，以至于它们当中一些极其有活力的粒子通常会挣脱太阳的引力飞向太空，形成所谓的太阳风——面向太阳一侧的地球磁层所受到的力。有时候，高速的太阳等离子会穿透太阳外层大气或日冕洞，对地球发起数小时甚至数天的袭击。

太阳的内部非常不稳定，它会连续地扭曲自身的磁场，直到突然间磁场线各归其位，释放出大量的磁能。这种突然释放的巨大能量往往以太阳耀斑的形式出现，并释放出包括无线电波在内的一连串波长不同的电磁波，持续数秒甚至数个小时，其中一些在太阳耀斑期间呈白色的可见形状。这些电磁波在八分钟内就会传播到地球的高层大气，如果它们足够强大，可能会扰乱人类的无线电通信。

另一方面，这些太阳的磁场扰动也能够导致部分日冕发生猛烈的爆炸，将数十亿吨的磁化等离子体，以每秒 3000 千米的速度向地球喷出。我们把这个现象称之为日冕物质抛射。如今，NASA 已经制作了日冕物质抛射的图像，它们看起来就像是中世纪传说中恶龙抛射出的烈焰，咆哮着向跳蚤一样大的地球袭来。日冕物质抛射也会产生冲击波。当这些冲击波的磁场与地球磁场的方向相反时，就会触发地球磁暴。磁暴的表现之一就是极光，就像在北极威廉王岛上空的夜空中看到的那些跳动的绿光帷幕那样。太阳耀斑和日冕物质抛射的冲击波也会产生高能粒子，这些高能粒子速度更快，更具破坏性。

太阳高能粒子辐射和太阳内部的等离子一样，由质子、电子和高能核组成。它们带电并处在高速移动中，因此产生电流和磁场。同时它们也发生电离。电离辐射无论是太阳高能粒子还是电磁波，都像肉眼看不见的能量子弹。它通过活体组织时，可以破坏活体组织所有的 DNA 片段，会导致癌症、遗传缺陷、放射病甚至死亡。除了太阳辐射，地球也在时刻受到银河系中宇宙射线的攻击，这些宇宙射线来自太阳系的外部，很可能来源于银河系中的超新星。

人类对所有破坏性电离辐射的防护都依赖地球的磁层、大气层和两个范艾伦辐射带，而它们又依赖了地球核心的发电机。在火星生命早期，也曾有一个古老的内部发电机，可以产生保护性的磁屏障，也会不定期地磁极反转。火星的磁性屏障使火星的表面曾有厚厚的大气和水体。大约 40 亿年前，火星的发电机停止了工作[2]。目前的主流观点认为，它的金属核心迅速冷却，以至于电流工作所需的热对流逐渐停止。当然，罪魁祸首也可能是火星的构造板块发生了融合（假设它有构造板块），造成了火星现在的"静止盖层"。这意味着火星无法有效地从核心散热。无论如何，火星的对流停止了。第三种可能是火星内部的发电机在核心耗损了大量的热量之后迅速固化，导致外部熔融核心太小，不足以维持其发电机的电流。虽然火星内部发电机消亡的原因仍在研究中，但 NASA 最近对贝克所参与的 MAVEN 卫星（火星大气和挥发性演化卫星）任务结果进行了确认：随着火星内部发电机的衰退，凶猛的太阳风和紫外线辐射逐渐刮走了火星的大气层[3]。而如果没有了大气，包括足够的二氧化碳气体，地球也将不再适合生命生存。当前的普遍观点是火星的内核现在太冷太脆弱，以至于火星无法抵御高能辐射的影响。当然，科学家们还在进一步调查其具体的机制和原因。

NASA 于 2011 年启动了"朱诺"号木星探测任务，贝克也参与了这个新的深空探测项目，他正在研究这颗行星强大的磁场和辐射带，以获得有关太阳系内发电机工作原理的更多线索。2017 年"朱诺"号发回的木星极区特写镜头令人难以忘怀。木星的南极就像一个旋转的蓝色大理石核心，巨大的旋风在其内部延伸，同拉斯洛普实验室里模拟出的动荡如出一辙，当然，它的规模远远大于此。如此强大的磁场让人着迷，但也让人惶恐。木星的磁场强度大约是地球的十倍，受位于金属态氢核心的发电机驱动。贝克说，曾经只有一个地球可供研究，现在各种新信息都在提醒研究行星发电机原理的科学家们，行星发电机的原理复杂多变。

对贝克而言，抬头看也意味着向前看。他一直致力于从长远角度更好地预测太阳风暴，敦促公众了解如何保护自己免受这些事件的影响。这让他将注意力集中在地球磁极倒转方面。当地球磁极切换位置，磁层随着磁场一起消退时会发生什么？范艾伦辐射带的结构取决于地球偶极子，因此范艾伦辐射带的结构可预期地将会发生变形。在逆转期间，预计范艾伦辐射带将变成更加复杂且不稳定的带状结构，在捕获辐射方面的效率会大幅降低。

此外，地球磁场本身不足以让我们免受太阳风、太阳耀斑爆发、日冕物质抛射、太阳高能粒子和银河宇宙射线这些辐射的影响。面对高能粒子缺乏足够的保护可能将是一个持续数个世纪甚至是数千年的全球现象。这不像单纯的地震、海啸或火山造成的破坏，还会给人们痊愈和重建的机会，这是一个会造成几代人持续伤害的过程。对于潜心研究宇宙高能粒子伤害的科学家来说，这幅在过去几十年里逐渐清晰的图画预示了一个非常危险的信号。

贝克在电话中和我仔细谈论了地球磁场两极的逆转可能，并约定在科罗拉多博尔德会面。贝克作为一名习惯早起的人，经常在上班时间前几个小时就坐在他的办公室里，他 500 名员工的车都停在他办公室窗前开阔的停车场内。他不仅是 LASP 的负责人，也是科罗拉多大学天体物理和行星科学系的教授。我与他会面时，他正在为太空任务设计、建造和测试硬件载荷，这些都是服务于 LASP 牵头的四个 NASA 任务的。因为项目和经费充足，他的课题组随时都有五六十名研究生。他非常健谈，对我提出的问题十分感兴趣。

他感兴趣是有理由的，作为一名空间物理学家，贝克就像那些地球物理学家一样一直在监测南大西洋磁异常区的增长，但他使用的是 NASA 的 SAMPEX 探测器（太阳异常和磁层粒子探测器）的数据。这不是在地球表面测量磁场本身，而是测量地球表面上方数百公里处的带电放射性粒子的浓度，换句话说，就是通过地球磁场在薄弱处所放进来的东西来间接了解地球的磁场。这颗在轨探测器发现南大西洋磁异常区已经移动了超过 20 年，现在正好位于巴西上空，而且还在持续增长。它上方的磁场强度正在减弱，这与地球物理学家用 SWARM 卫星进行的计算结果完全一致。不仅如此，他还发现地球的磁北极正在快速移动，同时当前整个地球磁场都正在减弱。对于贝克来说，有意思的是可以通过在轨探测器测量未来 20 年内将会发生的变化，而不是像过去的地质学家那样通过岩石了解数千年漫长时间框架内的大致变化。

因此，与那些正在仔细研究地磁两极是否会逆转的地球物理学家不同，贝克作为一名空间物理学家，直接聊起了在空间科学家眼中"可能的情景"。如果这是地磁极点逆转的开始，在空间科学的范畴内会有怎样的影响？如果磁场减小到其目前强度的十分之一，我们的世界会变成什么样子？

正如已故的物理学家理查德·费曼所说，科学家受到已知事物的约束。在 78 万年前的最后一次逆转期间，人类的文明还没有产生，因此没有任何文字或口述可供参考。尽管如此，历史还是留下了一些关于之前逆转的线索。如果进一步推断的话，科学家们对于未来会发生什么已经在其他一些研究中得到了一些暗示。通过研究这些串联起来的科学线索，结合太阳风暴曾经造成的影响的证据，将这些经验应用到未来，或许可以推测未来会发生什么。而这个研究的过程仿佛跟踪面包屑轨迹，充满挑战。

随着思考的加深，新的问题产生了。更猛烈的太阳天气将如何影响文明，我们知道些什么？它又会给地球上的生物包括人类带来怎样的伤害？

第二十六章　光照下的灾难

　　太空的有害辐射会影响地球并不是单纯的学术问题。如今在太阳风暴期间，偶尔也会有辐射穿过地球的磁层和大气层。这些不可预测的太阳风暴有时会与太阳自身磁场的周期性变化相吻合，这种变化通常以 11 年为周期，太阳磁场在极点反转之时达到峰值，接着慢慢衰退，之后在下一次反转时再次达到峰值，周而复始。当然，这个过程有时候看起来会更加随机。丹尼尔·贝克为我们提供了在没有磁场保护情况下的未来图景。

　　当太阳黑子足够强大时，破坏性的辐射会在大气层中散射并一路冲到地球的表面。这些事件被称为宇宙射线的"地面增强"（ground level enhancements），这是一种科学上的婉转表达。自 1950 年以来，根据国际辐射监测网络记录，这样的事件已经超过了 70 次，监测网络如同宏观上全球范围的盖革计数器。目前，科学家们面临的一个主要问题就是这些事件将会对飞机乘客和机组人员，特别是孕妇，以及航空电子设备带来怎样的影响。

　　太阳风暴除了影响航空电子设备和生物组织外，它还会破坏目前难以替代的电力基础设施和其他工业基础设施，特别是当它们的系统相互连接之时。目前这些设备间的相互依存关系日益增长，人类将所有的电气系统比以往任何时候都更加紧密地联系在了一起，却没有意识到其中可能的风险。

科学家们仔细研究了最近的两次太阳风暴，发现现代电子电气系统在面对太阳风暴时脆弱无比。第一次太阳风暴发生在1989年3月13日和3月14日，太阳风暴引起的电流破坏了部分加拿大国家电网系统，导致其内置的保护机制被激活，加拿大魁北克的电力被切断，部分魁北克电网首先被关闭，紧接着其他部分也陆续关闭，600万人断电9小时。与此同时，位于美国新泽西州塞勒姆的核电机组由于变压器过热，不得不暂时停止运行。而在英国，同样因为这个太阳风暴损坏了两个电网变压器。科学家把这一次的太阳风暴称为太阳制造的黑暗。

第二次太阳风暴是2003年的万圣节磁暴，其影响则更为广泛。当时在太阳表面相邻的区域里爆发了17个耀斑，耀斑产生的太阳风暴迅速向地球袭来。2003年10月28日，发生了第一次太阳耀斑大爆发事件，随后日冕物质剧烈抛射。根据监测太阳的空间探测器上的仪器测量，当时太阳喷射而出的大量等离子速度达到了每秒2000千米[1]，这台仪器随后被耀斑放出的大量放射性质子遮住，无法正常工作。第二天，第二次更加巨大的耀斑爆发，接着又是一次疯狂的日冕物质抛射。这些日冕物质抛射的放射性能量在10月31日（万圣节）那天袭击了地球，北美的电气工程师不得不关闭电网的关键部件以保护电网。南非的电网在当天遭到了严重破坏；北欧的瑞典也关闭了部分电网，导致超过5万人在当天断电超过1小时。那天，全球至少有13个核动力反应堆采取紧急措施以保证其设备免受损坏。

该事件导致了美国联邦航空管理局首次向航班发出辐射警报。因为地球两极是磁场线的汇入之处，所以辐射也是从地球的两极进入大气层的。万圣节磁暴让这些航线的乘客和飞行员陷于危险，极地航线上的航班都被重新规划。此外，因为绕地球轨道运行的 GPS 卫星已经全部关闭，当天的各航班也无法依靠全球定位系统进行精确着陆。石油和天然气钻探的地磁测量系统几乎全部失效，那一天磁力和地球物理调查都停止行动。美国军方不得不取消当天的海上任务，因为负责通信的卫星已全部禁用。耗资 6.4 亿美元的日本科学卫星 ADEOS II 当天在太空中丢失，其还载有 NASA 研制的价值 1.54 亿美元的仪器。位于地球上空 400 千米处的国际空间站（范艾伦辐射带内）内的宇航员[2]不得不寻求紧急庇护，寄希望于俄罗斯人提供的当时最好的防辐射屏蔽涂层——据称能够为宇航员降低一半以上的辐射量。

万圣节磁暴的能量在银河系中持续肆虐了一年多。"奥德赛"号火星探测器也受到了该事件太阳高能粒子的辐射，致使其传感器部分关闭。强大的太阳耀斑散发出的光芒使恒星暗淡，致使火星探测器无法再以这些恒星为参考点继续航行。它不光抵达了火星，木星和土星附近的探测器也记录到了这一事件。一段时间之后，"先驱者 2 号"探测器在离太阳 110 亿公里的位置也记录到了这一次磁暴。

更严峻的事实是科学家们认为这个过程类似于地磁倒转时地球将经历的过程，是最强大的超级风暴。太阳风暴是太阳抛射出的强烈能量脉冲，会暂时但严重地削弱地球的磁场。数百年前，科学家们开始记录太阳的活动时，发现了两种这种超级风暴。第一种便是卡林顿风暴，也叫卡林顿事件（the Carrington event），它以理查德·卡林顿的名字命名。理查德·卡林顿是一位天赋斐然的英国天文学家，他亲眼目睹了风暴的发生。太阳风暴发生在1859年，那一年科罗拉多大学博尔德分校刚刚成立，达尔文刚刚发表了著名的《物种起源》。

而那一年也仅仅是法拉第于伦敦皇家学院的地下室里制作出感应环之后的第28年。在维多利亚时代早期，即使法拉第成功地用磁铁发电，但电力可以为全社会提供动力的想法依然是不可想象的。但到了1859年，第一条跨大西洋的电缆已经开始从欧洲向北美传输电报信号。超过10万英里的电报线连接了这两块大洲[3]以及澳大利亚的电台。这是人类创造的第一个泛大陆级的电力技术。

1859年8月28日，卡林顿事件开始于太阳发出明亮的白色耀斑。卡林顿在后来写道，9月1日，他看到第一次光爆发持续了约五分钟。这是人类记录的第一次太阳耀斑事件。卡林顿甚至绘制了它的图片并写满了注释小字。耀斑之后是一次强大的日冕物质抛射，这是一种导电且被磁化的等离子的大爆炸，再接着发生的就是太阳高能粒子风暴。等离子的速度比太阳耀斑所发出的电磁光要慢，大概需要17小时40分钟才能到达地球。根据格陵兰冰芯分析的结果，卡林顿事件是过去500年来最危险的一次太阳辐射事件。现在它被认定为太阳辐射最坏情况的基准，这种情况下的太阳辐射会危及宇航员的生命安全[4]。太阳风暴不仅野蛮强大，而且其磁场与地球相反，便触发了严重的地球磁暴。

在1859年8月29日、9月1日和9月2日清晨期间，巨大的极光照亮了天空。与以往通常在两极周围出现呈窄椭圆形的极光带不同，在距离赤道只有几个纬度的国家和世界上其他一些对极光并不熟悉的国家都可以看到这些魔幻的极光。"天空中仿佛出现了溪流[5]，有时是纯净的乳白色，有时是浅红色。上面还有王冠，事实上，看起来更像是银色，紫色和深红色的王座，悬挂着令人眼花缭乱的美丽帷帐。"一位美国华盛顿记者如此描述。另一位来自美国俄亥俄州的记者则写道："整个天空都出现了斑驳的红色[6]，火焰从北方射出，像一次可怕的爆炸。"卡林顿事件让人们感到害怕，他们以为是城镇着火了，有些人跑到礼拜堂祈祷，祈祷这些极光不要带来更多的灾难[7]。

新的电报系统及其电缆成为这次磁暴的主要受攻击对象[8]。在纽约、波士顿、费城、华盛顿、马萨诸塞、伦敦、布鲁塞尔、柏林、孟买，整个澳大利亚和法国的所有电报局线路都被中断。在匹兹堡和瑞典，连接电报线的电池迸出了电火花。在挪威，电池产生的大量电火花甚至点燃了纸张，人们只能将线路连接到地面以防止机器被不可逆转地损坏。在包括波士顿和波特兰之间的几个地方，冲出电路的感应电流巨大，以至于电报操作员在拆开电池后依然可以单独使用他们所谓的"天体电源"工作。

这场对地球磁场的干扰持续了整整 11 天。

太阳表面的爆发不仅影响了地球大气层，还影响了人类在地球表面制造的电子电气设备，一场磁暴可以让它们变得毫无用处。在今天的术语中，磁层和电离层中流动的电流脉冲在其内部（在地球表面上方 75 千米至 1000 千米的大气层带内，原子被宇宙射线和高能粒子撕裂，变成离子）产生了振荡的磁场。根据麦克斯韦定律，这些磁场产生电流，它们流动的通道就是整个地壳和上地幔，被称为地磁感应电流或地球电流。受磁场中的振荡驱动，电流会寻找流入地壳的最便捷路径，而人类制造的用来传输电报信号的高导电的电线便是最佳路径。但是地磁感应电流对于电线来说太强大了，电线不堪重负，它们会过热或被切断，或引发明火。只有日冕物质抛射过程结束且地球表面的磁场变化重新稳定下来，地球电流就才停止。

当时的科学家们已经注意到，当极光跳动时，电报的传输就会受到干扰。1859 年之前几年，1852 年，爱德华·萨宾将太阳黑子活动与地球上的地磁不规律变化联系起来。他是磁学十字军运动最重要的推动者之一，潜心于耕耘哥廷根磁学联盟的大量全球磁场读数，发现其中的各种类别。萨宾的发现是一个惊喜，首次暗示了太阳和地球的磁场可能会相互影响。实际上，在 1859 年 8 月下旬卡林顿看到超级风暴之前的耀斑时[9]，他正在观察太阳表面的黑点。然而，许多科学家并不认为太阳的活动会对地面系统产生任何影响。即使在卡林顿事件之后，许多人仍然不相信。怀疑者中最著名的就是开尔文勋爵，他坚定地支持另一个错误的想法，即地球内部的熟鸡蛋理论。

153 年后的第二次超级太阳风暴袭来时，科学家们已经完全确信太阳正在引起地球的磁场改变。他们一直紧张地等待着太阳什么时候会产生现在所知的卡林顿超级风暴，并尝试设想这场风暴到来的时候会对地球带来什么样的影响。2012 年 7 月 23 日，人们观测到的太阳磁场尚且处于相对平静的状态且没有发生任何极端事件，它却毫无预警地出现了。这件事几乎鲜少有人知道，其原因在于这次猛烈的喷发碰巧发生在太阳远离地球的那一面。如果它再早一周发生的话，它的全部力量将集中到达地球，并攻击人类和人类的电气基础设施。

贝克对 2012 年所发生的事情进行了详细分析。位于行星际空间的探测器 STEREO A（太阳能陆地物探气象台）捕获了整个事件，附近还有其他一些探测器也获得了相似的数据。由于它们位于地球磁层之外，其所处的行星际磁场相对较弱，因此磁暴不会产生足以破坏这些航天器设备的感应电流，其仪器才得以完整记录下整个事件中的高能粒子信息。

实际上，2012 年的这次太阳风暴比任何人所想象的都要严重得多，甚至比魁北克事件或万圣节事件严重得多。同样地，它开始于一次太阳耀斑爆发，然后是一次超高速度和强度的日冕物质抛射，这次抛射将大量的磁化等离子以高速云团的方式抛向太空。这次太阳高能粒子的推进是有记录以来最迅速的一次。一项研究发现[11]，太阳很可能在稍微略早的时间内在同一地区产生了另一次日冕物质抛射，它的轨迹已经在空间中犁开了一条沟，使第二次抛射能够以更具毁灭性的速度沿着这条沟移动。

它至少与 19 世纪的卡林顿事件具有一样的威力。根据贝克的计算，如果它在我们的星球处于昼夜平分点位置，也就是春秋分的那一天击中了地球，它的强度将大约达到卡林顿事件一半的程度[12]。这次依然没有人预见到这个事件。NASA 表示，如果太阳风暴在那个时刻真的到达了地球，其对地球电力基础设施的影响将是灾难性的，这次磁暴会把人类文明带回电力时代以前的维多利亚时代。人们无法再通过将插头插入墙壁插座获得电力，无法使用加油站给汽车加油，无法使用银行，甚至无法冲洗马桶，所有这些功能，包括市政的化粪池系统，都无一例外地依赖于电力系统。这种影响会在整个社会和经济中不断发酵，最终导致所有管道腐蚀，因为防止其腐蚀的电路系统已经崩塌。根据分析超级太阳风暴潜在后果的报道 [13]，这样的灾难如果发生，整个地球可能需要数十年才能恢复。

太阳风暴自身的不安因素，以及 2012 年侥幸逃脱的那场太阳风暴激发了美国和其他国家政府对更好地预测超级太阳风暴的兴趣，地磁扰动已成为国际电力基础设施安全委员会的焦点，该委员会于 2010 年成立，旨在防范"黑天灾难"。如今美国的科学家已开始制定规划图，确定电网面临的风险，以及不同类型太阳风暴的应对策略。2015 年 10 月，美国总统巴拉克·奥巴马制定了详细的国家空间天气行动计划，以收集和研究有关该现象的更多信息。

对发生过的太阳风暴和将要发生的太阳风暴进行的分析都是基于地球磁场仍然很强这一前提。但是在卡林顿事件之前，整个地球的磁场就一直在不断减弱，现在的磁场比 1859 年的磁场已经减弱了很多。如果两极正在倒转且地磁场下降到通常强度的十分之一，那我们应该怎么办？暂时忽略小概率的卡林顿级超级风暴的风险，在地磁场不断减弱的大背景下，普通的太阳耀斑（一周发生多次）将如何影响地球？那些难以预测的日冕物质抛射、可能致命的太阳高能粒子，以及银河宇宙射线的不断攻击又会如何影响地球？这些都是在地球磁场保护之下人们日常会遇到的事件。一旦保护层不起作用，这些事件又会对地球上的生命带来什么影响呢？答案并不乐观。

第二十七章　致命的补丁

早在地球物理学家怀疑地磁可能在发生倒转之前，他们一直在试图解决另一个令人困扰的问题。20 世纪 60 年代初，地磁逆转理论刚刚开始被承认并开始传播，其暗含的意义是惊人的，比如，地磁逆转是否会扼杀或改变某物种，从而影响物种的进化模式。这个想法远远超出了关于磁场的更加普遍的认识，即磁场为生命在宇宙辐射中提供了庇护所，使人们免受太阳风的侵袭。它是一个形而上学的问题，即地球熔融核心的变化机制是否与地壳上生命的生与死存在着关联？

最初的研究[1]始于 1963 年范艾伦辐射带的发现。当地磁两极反转时，所有束缚在范艾伦辐射带里的高能粒子会发生怎样的变化？太阳风中的辐射能否在地磁反转时侵蚀地球并造成大范围的基因突变？在之前的地磁反转过程中是否出现过生物基因大规模变异的事件？这篇只有一页半篇幅的论文作者是西安大略大学的罗伯特·乌芬（Robert Uffen），他对于此问题推断的答案是肯定的。

"现代科学研究越来越明显地表明，地球就是一个高温发动机，它不仅控制了山川地貌，火山地震等地质现象，还控制了大

气和海洋等地球化学现象，磁场和辐射带等地球物理现象，甚至
生命起源和演变等地球生命现象。"乌芬总结道。

继而人们开始检查地球岩石的磁性记录。这一次，不仅要
寻找锁在岩石中的磁场记忆，还要寻找化石中保存的信息。很明
显，地磁逆转并没有扼杀所有生命，生命体在这个星球上已经持
续存在了超过 36 亿年。但之前的地磁逆转是否导致了大规模的
物种灭亡，这个假设最初并没有任何决定性证据。地球到目前为
止只经历了五次大规模物种灭绝事件，却经历了数百次的地磁逆
转和近逆转。因此，人们只能得出地磁逆转并不一定会导致大规
模物种灭绝，或者至少并非总是如此的结论。不过，这条逻辑链
只要被严格推理就很容易找到漏洞。地磁逆转可能持续几千年，
也可能持续更短的时间，而古生物学记录很少能够精确到具体的
时间尺度。在如此短的时间跨度内找到全球的岩石记录已经非常
困难，更不用说找到已经灰飞烟灭的物种化石了。目前我们之所
以能够有五次大规模灭绝的有力证据，是因为它们都跨越了长达
数百万年的时间。

随着越来越多的数据和证据被挖掘，出现了一些值得注意的
地方。有两次大规模物种灭绝事件[2]都恰逢地磁场突然变化的时
期。第一次是 2.52 亿年前的二叠纪末期。如今它被称为二叠纪大
灭绝事件，这个星球上 95% 的物种都消失了。第二次是在白垩纪
末期，也就是 6500 万年前杀死恐龙和许多其他物种的大灭绝事
件。当地球的磁场保持稳定达数千万年的时间之后，都会出现一
个极性超代。相比之下，在这两次大规模物种灭绝期间，地磁场
反转了很多次。一种理论认为，在地磁场极性超代期间，物种的

进化和繁衍并不需要适应逆转，因此当地磁逆转发生时，物种的灭绝就是一种无法回避的宿命。这也许会让如今要经历一次反转的脆弱物种获得一丝安慰。自从恐龙灭绝以来，我们一直处于相对快节奏的地磁逆转脉冲中，这也可能已经为当今地球上物种的遗传密码建立了一定程度的保护。

到了1971年，科学家们将目光转到了研究和比较过去6亿年中不同动物族群数量变化的指数曲线上来，这是为了衡量种群灭绝随着地磁逆转发生的速度。最初的研究者是堪培拉澳大利亚国立大学的伊恩·克莱因，他发现这个指数的变化和地磁逆转相关性非常之高[3]。其中的原因是什么呢？地磁逆转是否会导致物种灭绝？新物种是否会取代旧物种？根据实验室的实验，克莱因认为低强度磁场本身就已经是生命杀手，它们会导致动物运动和繁殖产生困难。

也许还存在另一种灭绝机制。20世纪70年代和80年代新的发现表明，磁场对于几乎所有研究对象的导航都很重要，无论是大型生物还是小型生物。许多生物利用磁场寻找食物、配偶、繁殖点和越冬驻地。例如，萝卜会根据磁场调整其根部生长的方向，狗如果没有被拴住，在没有地磁风暴的状态下，喜欢面向南北方向而不是东西方向撒尿。当地磁倒转时会发生什么呢？依靠地磁极导航的物种能否到达它们需要到达的地方？如果没能到达，它们是否会集体死亡呢？

辐射的危险是什么？人们长期以来一直认为地球厚厚的大气层提供了物理屏障，是防止太阳和宇宙放射性伤害的关键，而磁场屏障就没有那么重要了。例如，在飞机上，人暴露于辐射下的危险会随着高度和纬度的增加而增加，这表明在磁场线汇聚的极点附近之外，大气都是一个值得信赖的过滤器。但如果被损害呢，这个过滤器还能运转正常吗？一条来自海洋沉积物的线索显示出在最后一次地磁逆转期间，沉积物内的放射性铍大量增加[4]，而这是宇宙粒子与大气碰撞的标志。这意味着更多的宇宙粒子在经过碰撞和散射这些有害的二次辐射之前进入到高层大气。但这并不意味着破坏性很强的高能粒子本身到达地球表面，只是二次辐射到达地表而已。

此外，还有一项不针对损坏大气层的高能粒子，而是针对臭氧层空洞的研究。荷兰化学家保罗·克鲁岑（Paul Crutzen）因其在臭氧层空洞方面的工作而获得了1995年的诺贝尔奖，他在1975年揭示当太阳高能质子在平流层产生二次辐射的离子时，能够通过一系列的化学反应导致臭氧层被破坏[5]，也就是说，这些高能粒子能够让有害的紫外线辐射到达地球表面。其他研究人员发现，在地磁逆转期间，臭氧会大量消失，有更多的紫外线B辐射会到达地球表面，特别是在极地附近。紫外线B辐射不会电离，但它会以无数种具有破坏性的方式影响生物组织。皮肤癌、视力和免疫系统的长期损害都与这种射线有关。最近，法国地球物理学家让-皮埃尔·瓦莱特提出，臭氧层空洞可能是导致尼安德特人最终灭亡的因素之一。四万年前，最后一小部分尼安德特人在拉尚漂移发生时消失了[6]，当时他们生活地区的臭氧层浓度只有正常数值的十分之一。尼安德特人白皙的皮肤和红色的头发表明，他们特别容易受到紫外线B辐射的伤害，就像现代有这种特征的人一样。

最后，过去的地磁逆转如何影响过去的证据，以及它在未来的逆转过程中如何影响生活的证据都是片面和非决定性的，主要都局限在纯理论层面。德国物理学家卡尔－海因兹·格拉斯梅尼尔（Karl-Heinz Glassmeier）和约阿希姆·沃格特（Joachim Vogt）[7]在 2010 年对相关研究进行了广泛的收集整理后得出结论："现在就判断磁场以何种方式影响地球的生化进程还为时尚早。"言下之意是不排除有影响。

在科罗拉多大学博尔德分校贝克宽敞的办公室里，我们坐在一张可以俯瞰落基山脉的大桌子旁，背后有一整面墙的书，我与贝克聊起这些想法。好莱坞负责选角色的经纪人请他扮演一位四星上将。贝克身材高大，肩膀宽阔，有着姜黄色顺直的头发。他已经学会了如何庄严肃穆地坐着，仿佛是为即将到来的战斗积攒能量。他曾在美国国会面前陈述 2012 年的那场几乎错过的太阳风暴，可以想见现场的权威感。甚至可以说，他是庄严的，只有在灵光闪过的时候，脸上才偶尔浮现微笑。他并不符合大众心目中的科学家形象。大部分的科学家倾其一生研究某一个事物，可能是研究珊瑚礁，也可能是塑料聚合物的化学成分，或者是可以创造原始粒子的物理学，但贝克擅长将各种现象联系在一起，融会贯通，就像一个威力强劲的合成器。有的科学家是一片树叶的检查员，有的科学家是整座森林的护林员，很显然，贝克就属于后者。当他归纳整理那些证据时，他发现了一个更具说服力的假说，阐述了在地磁逆转期间地球上的生命究竟会发生些什么。

毫无疑问，更加具有潜在致命性的太阳高能粒子将离地球越来越近。贝克告诉我，这种高能粒子的造访将呈现出一种阶段性而不是连续性的状态。在某些地方，这些放射性粒子将能够到达地球表面有人类居住的区域。与银河中的宇宙射线相同，这是一个持续的威胁。大气层只能挡住较慢、危险性较小的粒子。

在太阳辐射的问题上，大气将像一把双刃剑，它既会保护人们也会伤害人们，当高能粒子撞击地球大气层时，类似于最近一次的铍标记所显示的，部分粒子会在大气层中产生二次粒子，进而产生额外的有害辐射。如今一个悬而未决的问题是，在地磁逆转长达数几千年时间段内，地球的大气层能否抵御太阳风的暴力。一般的看法是，对于大气层而言，逆转的时间太过短暂，因此并无太大的影响。但是贝克想到了火星。随着时间的推移，当火星的内部磁场死亡时，无情的太阳风和辐射便破坏了火星的大气层。他希望看到科学家们对于这个问题的影响更深入的分析。

他明确表示，他不曾设想一个没有地球磁场保护的世界。相反，地磁逆转时处于过渡态的弱多极磁场将形成复杂的不对称带，分别保护带内区域对应的地球部分。它们不会遵循纬度线。地球上一些中纬度地区，也就是目前人类的聚集区，将不再受到偶极子场那样足够强度的保护。另一方面，所有的经线可能完全没有任何磁屏蔽。这意味着可能存在辐射热点，就像今天臭氧层空洞上的臭氧热点一样。不仅存在辐射热点，还有来自臭氧层的致命紫外线 B 辐射，整个臭氧层的化学结构已经被日益增加的来自上层大气的太阳和宇宙辐射所破坏。

"对我来说，这是一个非常现实的可能性，那么这个星球的某些地区将不再适合居住。"他说。

对他来说，通过研究过去，获得下一次地磁逆转线索的思路是有局限性的。其中一个关键原因就是下一次地磁逆转将与之前的任何一次地磁逆转有根本的不同：今天在地磁场保护下的世界不同于 78 万年前的那次地磁逆转，或者是 4 万年前的那次近逆转，如今地球上有 75 亿人口，是 1970 年的 2 倍。上一次地磁逆转，人类祖先在地球上的数量还非常稀少。"这彻底改变了这个问题的难度和思路。"贝克说。

我们砍伐森林，耕种土地，捕猎动物，燃烧石油，建造城市和道路网络改变了空气和海洋的化学性质。截至 2012 年，世界自然保护组织估计有近三分之一的物种面临灭绝的威胁。动物很难自由地迁徙并发现人类文明和工业尚未占据的生活空间。人类正在驱动地球系统发生变化，就像火山等地质力量在过去所做的一样。与此同时，独立于人类行为且无法控制的磁场正在准备随时发动。这对贝克来说意味着恶性汇合效应的可能性，也就是引爆点的可能。即使在以前的地磁逆转时期没有发生大范围的破坏，今天可能会。当多种危险交织在一起，结果可能比单一事件更难以想象。如果磁屏蔽失效的时候发生了太阳风暴爆发且恰好又发生了巨大的地震，人们该怎么办？

除了与地磁逆转相关的生物危害之外，我们所拥有的巨大电气和电子网络也存在危险，电子网络从海洋深处延伸到外太空，它是现代文明的中央处理系统。粒子不必到达地球表面破坏现代社会，地球的大气层中充满了卫星、国际空间站以及满载乘客的飞机。太阳高能粒子完全可以穿透其敏感的微型电子设备。宇宙等离子体的磁振荡在大气中产生的感应电流也可以破坏电网所需的变压器。管理电网的卫星定时定位系统也可能会被这些高能粒子破坏，电力和电子基础设施在它们面前不堪一击。全球的电气系统非常紧密地联系在一起，因此任何一部分电气系统的故障都会像野火一样蔓延到全球。在世界历史上，从来没有这样的系统组合能够对变化的磁场做出如此剧烈的反应。

"我们目前只能坐以待毙。"贝克说道。

第二十八章　灾难的代价

　　灾难造成的损失激发了天生冷血的保险业的兴趣。生命、身体和基础设施的损失都是商业需要考虑的因素。当然，这并不是说保险行业人士缺乏同情心，而是说保险业看待未来的视角与大多数人不同。例如，一些最早研究大气中二氧化碳浓度增加对社会有怎样影响的人就是保险从业人员，他们想预知未来所要面对的情况。

　　出于同样的原因，保险业对太空中的磁干扰将如何影响各国经济也非常感兴趣。事实上，自2015年以来，根据英国法律，保险公司必须计算其保险项目在极端空间天气下的风险。这些风险包括太阳耀斑、日冕物质抛射和在没有预警情况下突发的太阳高能粒子事件，甚至是卡林顿级的超级太阳风暴。然而，评估这些问题的精算规则如今仍处于起步阶段，在2012年没能预报的那次太阳风暴之后得到了有力推动。为此所做的分析没有涵盖地磁逆转对世界造成的影响，那种情况下卡林顿级太阳风暴将是家常便饭。分析师的研究目标仅限于高层大气中的地磁扰动，通过地球电流给电力基础设施带来的损坏。太阳高能粒子撞到你家隔壁会造成什么后果，并不是保险业关心的问题，但如果你正在寻找关于地球磁场屏蔽减弱的线索，保险业的太阳空间天气调查可以提供一些有用的资料。

以赫利俄斯太阳风暴场景研究为例[1]。剑桥风险研究中心于2016年年底开始这项研究，研究中心隶属于剑桥大学法商学院，由保险巨头美国国际集团（AIG）资助，该研究是全球保险业首次涉及空间天气。它基于对天体物理学家、经济学家、工程师、公共设施经理人和灾难模型建模师等其他相关从业人员的相互交流。基于美国电力基础设施遭受单一灾害的三种可能情景，该研究分析了空间天气将会给美国保险业带来什么样的影响，研究范围覆盖了从相对常见的一般太阳风暴到影响可能会持续数月的超级太阳风暴。比如，电网中受损坏的超高压变压器可能需要一年或更长时间才能重建并投入使用。

根据预测，仅美国保险行业的损失就大约在550亿美元至3340亿美元之间，具体的损失数目取决于太阳风暴持续的时间。其中大部分损失是因为客户被断电引起时。为了更好理解这个概念，可以参考的是2005年卡特里娜飓风造成的破坏使保险业损失了450亿美元。太阳风暴天气造成的损失很可能会更大，会使一些保险公司陷入困境，甚至破产。

剑桥风险研究中心还在美国国际集团的资助下，进一步做了研究，2017年发表了其研究结果[2]。研究主要阐述了假设一场极端太阳风暴袭击了美国电网，每天会给美国经济带来多少损失，分析了对依赖于和美国贸易关系的其他经济体的涟漪效应，评估了最终造成的全球经济损失。其依据就在于现代经济如此依赖于电网，如果对电网造成了破坏，很快将在全球范围内产生累积影响。

这一份研究主要研究了地球南北纬 50 度到 55 度的区域发生太阳风暴的后果。在北半球，这个范围涵盖了芝加哥、华盛顿特区、纽约、伦敦、巴黎、法兰克福和莫斯科。在南半球，则包含了墨尔本和基督城。然后，研究人员又设计了四种场景，每种场景都会跨越美国不同的纬度带，影响不同的行业和经济中心。太阳风暴的范围取决于它的强度，如果强度大，可能会影响到更靠近赤道的区域。

最乐观的场景是位于美加交界的地方，只影响到美国 8% 的人口。在这种情况下，美国经济每天直接和间接损失 62 亿美元，占美国每日国内生产总值的 15%。再把对全球的影响算上，总损失为每天 70 亿美元（所有数据均以 2011 年的定值美元为准）。其他场景下，风暴波及美国更多的地方，经济损失也在持续增长。最后的一种场景除美国最南端的几个州和美国三分之二的人口不受影响外，美国的每日经济损失超过了 415 亿美元，这几乎占到了美国每日经济总量的 100%。此外，其他国家的经济损失为 70 亿美元，全球总计每天产生 485 亿美元的损失。在各种情景下，各个经济生产部门都会受到波及，从制造业到金融业，从采矿业到建筑业，最后再到政府，而美国之外受影响最严重的国家便是在经济和贸易上与美国关系最密切的国家：中国、加拿大、墨西哥、日本、德国和英国。

该研究的作者进一步指出，在这份研究里他们只关注了风暴对美国电网一天之内造成的破坏以及对美国与其密切相关的其他国家带来的其他一些连锁反应。这还没有计算出因时间和地理位置差异，持续存在的太阳风暴造成的所有全球成本。如果整个亚洲和欧洲的电网同时受损应该怎么办？如果像其他一些分析所表明的那样，解决问题可能需要十年或更长时间呢？换句话说，这还只是一份非常保守的估计。

电网并不是唯一受强大太阳风暴影响的技术。在英国航天局（the UK Space Agency）资助的一项研究中[3]，伦敦帝国理工学院布莱克特实验室的乔纳森·伊斯特伍德（Jonathan Eastwood）和他的合作研究者得出的结论是，即使相关案例持续增加，空间天气的全部经济影响也是未知的。他们通过大量的工作来计算这些成本。在报告中，他们编制了一份令人瞠目结舌的已知会受空间天气影响的系统的详细列表。同样，他们仅仅考虑了大气中残留的磁扰动对地球表面技术的影响，没有考虑地磁倒转造成的影响。

与其他报告一样，这个报告也提到了给电网带来的风险。它还提到了地球电流以及大规模电传输被中断给高导电铁路和有轨电车网络带来的风险。然后是通信领域，即使卫星在设计时能够承受住这些辐射，它们也仍会受到这些空间天气事件的巨大伤害。这就是为什么卫星在飞越南大西洋磁异常区时通常会关闭系统保护自己的原因，毕竟在那里的大气中有更多的辐射。大气层外部的范艾伦辐射带中的高能电子会产生相当于莱顿瓶的火花释放的电量，在太阳风暴期间会损坏卫星的电子设备。这些太阳高能粒子可以击穿卫星上的微电子器件，形成各种损伤。今天电子工业的趋势是朝着小型化方向发展，而电子设备越小，一个粒子可能造成的损害就越大。

移动电话系统依赖于全球导航卫星系统（GNSS）的定时信息，这些信息在严重太阳风暴期间会被电离层中的波动影响，甚至持续长达数天。如今无人驾驶汽车和道路充电技术变得越来越普及，它们同样依赖于卫星定时系统，在面对这些问题的时候也束手无策。

根据 2017 年空间天气对卫星产业影响的研究报告显示[4]，围绕地球的卫星数量有望持续增长并产生更加紧密的联系。卫星的新用途，包括互联网和拍摄图像，促使在 2015 年就达到了 2080 亿美元规模的卫星行业去计划更大规模的小卫星的生产应用。例如，截至 2017 年，波音就计划研制数千台小卫星，而 SpaceX 的计划则有 4425 台。这些最新的成果高度依赖于与卫星之间的通信，这意味着其中任意一颗卫星发生故障，也会影响其他卫星。但是，在过去几年中，许多计划都依赖于这几年相对平静的空间天气，不仅如此，由于卫星行业的相互竞争和成本控制，他们并不倾向于分享有关地球空间天气问题以及解决这些问题的信息。该研究的作者发现，他们采访的卫星工程师难以说服公司的所有者去考虑在太空天气事件中保护卫星是值得的。虽然如今太空不再被视为古老的良性真空，但它作为恶性生物的那一面仍然没有受到足够的重视。

美国空军在最近的一份报告中提到不了解太阳风暴对通信系统的不良后果给人们的教训[5]。1967 年 5 月，林登·B. 约翰逊是美国总统，列昂尼德·勃列日涅夫是苏联共产党中央委员会的总书记。冷战已经全面展开，越南战争也日渐升级，距离中东战争的爆发还有一个月的时间。这时国际局势异常紧张，美国空军战略司令部三分之一的轰炸机部队始终保持警戒状态。

此时太阳突然爆发了巨大的耀斑，大量的高能粒子和其他电磁波径直奔向地球，随后日冕物质抛射开始。这些无线电波的爆发干扰了美国及其盟国建立的、为了追踪从苏联发射到北美的洲际导弹而建立的弹道导弹防御系统。当时的军方高层从未见过太阳风暴影响军用设备的案例，认为这是苏联故意干扰他们的系统。在充满政治色彩的时刻，军方高层把电子干扰和电子对抗视作一种潜在的战争行为。等到美国政府的两名太阳风暴研究人员意识到实际发生的情况时，军方已经在做携带核武器的战略轰炸机起飞前的最后准备。研究人员发现这一次的攻击者是太阳，不是敌方。如果当时轰炸机起飞，军方高层就无法再召回了，因为当时依靠卫星的通信线路都被磁暴所扰乱。这次事件可能差点就改变了地缘政治和整个人类历史的进程。那时至今日，当今的领导人们将如何应对这种突发情况呢？

如果地球的两极正在转换，那么破坏性事件将变得司空见惯，而不只是偶尔的混乱。电气和电子技术将变得不再可靠，它们更容易受到高能粒子长期损坏的影响。除非设计出保护系统的方法，否则人们将不再能够依赖现代文明的电气基础设施。航天时代的现代社会越来越依赖人们几乎无法识别的方式。人们的沟通方式，人们的交通方式，都像是一个错综复杂的多米诺骨牌，任意一块骨牌意外倒下，都会加剧传递给下一块骨牌。

第二十九章　鳟鱼鼻子鸽子嘴

　　全世界只有十几位科学家从事生物磁导航的研究，以破解生物如何利用地球磁场来导航的谜题。迈克尔·温克霍费尔（Michael Winklhofer）就是其中之一。和他见面的那天，我先坐飞机到德国北部的杜塞尔多夫，然后换乘出租车前往杜伊斯堡埃森大学的办公室[1]。当我到达时，他正站在校园自助餐厅大楼外面等着我，双手插在口袋里。

　　这个如今被称为磁感应的冷门研究领域直到20世纪60年代都被认为是奇怪的科学。但是到了20世纪80年代，一系列严谨的实验结果让科学界承认，磁感应是地球物种的一种普遍现象，对饲养和繁殖行为都具有重要的影响。于是从那个时候开始，这个学科终于在科学界获得认可。当时温克霍费尔作为一名学生，参加了一场有关趋磁细菌的讲座，这是一种可以响应地球磁场的细菌，那场讲座之后他被磁感应学深深吸引。

　　到了办公室，行李刚放到一角，他就迫不及待地在电脑上向我展示一段经典实验的视频。电脑屏幕上是一种在池塘沉积物中生活的细菌，它们需要了解自上而下的方向，因为它们不断地在水和泥之间，在富氧环境和无氧环境之间转移。实验方案是在细菌附近放一块小磁铁，然后移动它，就会发现细菌的旋转与磁铁运动步调能够完美一致，就像罗盘上旋转的指针一样。细菌的磁敏感性对其生存至关重要。其他研究还表明，在地球的某些地方，地磁场的强度与水和泥交汇处的磁场强度一致时，例如在磁赤道上，趋磁细菌的密度会急剧下降。温克霍费尔又播放了几段视频，看得出他已完全沉浸在这些视频之中。如今的他仍对这些细菌的作用非常着迷，他和他的研究伙伴正在研究趋磁细菌的化石，试图在其中读取出磁场如何随着时间推移而改变的奥秘。

　　从单细胞细菌开始，这种磁性第六感通过林奈分类图向上传递到更复杂的生物。它存在于蝴蝶、蜜蜂和果蝇这些昆虫中，也存在于鱼、虾、蝾螈和海龟这些进化意义上更高级一些的生物当中，还存在于迁徙的飞禽、鲸、狼、鹿、老鼠等许多高等动物当中。温克霍费尔说，它们天生就是这样，蜜蜂新制造的蜂巢方向和它们父母蜂巢的方向相同。白蚁巢穴形成的土丘总是从北向南排列。蠕虫总是面向它们出生的半球，实验室里使用的澳大利亚蠕虫在试管中总是向上指向北半球，而北美的蠕虫则向下指向南半球。奇努克鲑鱼继承了亲代的磁性地图，能够嗅到且尝出河流之间的差异。海龟可以在海上度过几十年，然后再次回到它们出生的海滩，并在那里产卵。磁感应与触觉一样，深深地存在于这些生物的基因之中。无论在地球上的哪个位置，它都是一流的导航工具，不受时间、季节或天气的影响。

　　但这些生物如何将无形的磁场转化为血肉之躯的感受呢？目前存在两种主要理论[2]，每种理论都依赖于不成对自旋电子来进行解释。温克霍费尔说，两种理论可能同时发挥作用，但很难确定它们孰是孰非。大多数磁性生物都含有包含微量铁磁性物质或相关的亚铁磁性物质的细胞，其未配对的自旋电子可以排列成一列并放大这种磁力。目前科学家们已经在生命活组织中发现了铁磁物质和其他亚铁磁物质的沉淀物。例如，趋磁细菌在体内含有多达其重量 2% 的铁磁性物质或类似物质[3]。软体动物的齿状舌头含有磁性物质，住在深海喷发口附近的海蜗牛身上的如屋顶瓦片状的鳞片富含一种亚铁磁性物质。尽管我们是否能感知到磁力引起了科学界极大的争议，但在我们人类的大脑、心脏、脾脏和肝脏中都有这些铁磁性物质的存在。一些研究人员认为人们所描述的人类潜意识，或许就是源于对磁场感知的力量[4]。或许我们人类神奇的洞察力都是借助于对磁的感应。在这一种理论当中，磁性分子作为一个微小的指南针，将磁性信息添加到生物的神经系统中，使得生物能够读取磁场的情况，这就像拥有内置 GPS 一样。例如，归巢鸽在其上喙的皮肤上的六个不同点位处具有六个含有磁性分子的神经细胞。同样，虹鳟鱼的鼻子里也存在这些细胞。

第二种理论认为，某些含有不成对自旋电子的分子可以配对，成为体内跟踪地磁场的化学指南针。这些分子被认为包含于某些蛋白质中并固定在细胞上，可能就在视网膜的细胞中，因此它们不会随着血液在循环系统四处游荡。这些电子可以根据地球的磁场进行排列。对鸟类来说，它们似乎是和处理可见光信号的大脑区域整合了，有人认为鸟类甚至可以用负责视觉的大脑处理并形成磁场图像[5]，这意味着它们或许可以在野外看见磁力线。

磁感应学的研究人员很早就意识到地磁逆转可能会影响到

他们所研究的生物，因为在逆转过程中可能会存在一对以上的磁极，并且在那个时候地磁场本身也会变得非常微弱。肯塔基·罗曼（Kenneth Lohmann），北卡罗来纳大学的生物学家，生物磁学的先驱，在 2008 年的一篇论文中写道，地磁逆转过程中的磁场快速变化可能会破坏动物返回巢穴的能力[6]。当它们找不到旧的巢穴时，动物可能会建立新的分娩场所。这个发现很重要，它可能在短期内影响年轻生命个体的存活率。

另一原因是有些依靠磁场来定位的物种除了受到地磁逆转这个潜在的威胁之外，也受到了其他原因的威胁。其中最主要的原因就是它们的栖息地遭到了人类的破坏，或者它们的种群数量由于捕猎已经到了灭绝的边缘。例如，如今所有七种迁徙类海龟都有可能在野外灭绝。根据世界自然保护组织的红名单，肯氏丽龟（Kemp's Ridley sea turtles）面临的危险最大，据统计其全球总数只有不到一万头。许多种类的鲸为了寻找食物和分娩点而被迫迁徙，这些鲸都是濒临灭绝的品种。八分之一的鸟类面临灭绝的危险，近年来，燕子等迁徙性食虫鸟类在欧洲和北美的数量在急剧下降；蜜蜂在世界各地都陷入了困境。地磁逆转可能成为压死某些物种的最后一根稻草吗？

温克霍费尔说，生物学家和地球物理学家多年来一直在研究这个问题，他们得出的结论是只要逆转不是瞬时的，只要物种的种群足够庞大，大多数的物种最终都能够做出有效的自我调整。例如，研究知更鸟的研究人员发现，知更鸟对于磁倾角比磁场方向更加敏感，它们可以自我调整来适应强度明显低于它们所习惯的强度的磁场。知更鸟还可以适应磁场极点位置的变化，它们只是需要时间。温克霍费尔指出，使用地磁场导航的物种经常重新校准，因为地磁场一直都在发生细微的变化。例如，黄鹂鸟为了更好地适应磁场的不断变化，每天都会在黄昏时重新校准它们的磁感。

他在电脑上打开了另一个文件，那是一个模拟在地磁逆转后磁场重新建立的模型。在这个模型中几个极点出现在了中纬度地区，磁赤道不再是南北走向。在这种情况下生物似乎将无法导航，但他的分析结果是物种依然可能适应它，特别是那些依靠磁倾角而不是磁极南北方向定位的物种。他说"生物的适应力真的非常强大"。

在地磁逆转期间，地球的生命形态有两大不确定因素。首先，对于运用磁极来迁徙和导航的物种来说，它们不确定面临的灭绝风险有多大。目前还不清楚地磁逆转会对这方面造成多大影响，正如目前尚不清楚常规地磁扰动的规律所带来的影响。NASA 最近与其他机构合作，调查太阳风暴及随之而来的地球磁场的破坏是否与新西兰、澳大利亚、马萨诸塞州科德角常见的鲸搁浅有关。其次，在地磁逆转期间太阳和宇宙辐射将对地球表面造成多大的影响并不确定。即使只增加 5%—10% 的辐射也会对生物产生巨大的危害，但科学家们还无法进一步量化这种危害。温克霍费尔说："没有数据，就没有科学。"

第三十章　黑色硬蜡笔做的衣服

在六次成功登陆月球的阿波罗任务中，太阳都很平静。无论是宇航员还是太空舱都没有暴露在太阳风暴之中，而风暴中那些具有破坏性的太阳高能粒子无疑会摧毁一切。不得不说真的是好运相随。但是在1972年8月，也就是在"阿波罗16号"的宇航员返航之后，以及"阿波罗17号"也就是最后一次登月任务发射之前，太阳喷出了它在20世纪里最大的一次太阳风暴。

在丹尼尔·贝克职业生涯的早期，当他越来越多地参与NASA任务和太空天气的研究时，他便想要知道如果阿波罗时代的宇航员在月球行走时遭遇了太阳风暴将会发生什么。如今的月球不再具有内部产生的磁场或大气层能够保护宇航员免受辐射的伤害，除了太空服之外，他们没有其他的防护。他问过，如果在当时遭遇太阳风暴，那么NASA的应急计划是什么？答案是让宇航员赶紧挖一个洞，然后让资深的宇航员躺在洞的里面，资历浅的则躺在他的上方，用自己的身体为上级遮挡射线。这样做的目的就是至少一名宇航员能够完好无损地将登月成果带回地球。贝克说，1972年8月的太阳风暴非常强烈，任何直接接触到它的人都会毫无疑问地遭受严重的放射病，甚至是当场死亡。他指出，

244

如果没有磁场保护，我们就会非常容易受到放射的影响。

　　空间，并非我们的祖先所以为的那样平静、空旷、纯粹，这里充满着致命的电离辐射。贝克说，当地磁两极反转，地球的磁场屏蔽被削弱时，一些太阳和银河辐射将进入低层大气甚至部分地表区域。如果人类和其他物种无法逃离到地球上更安全的地方，他们就会受到辐射的影响，有的影响甚至是致命的，如果 1972 年 8 月宇航员登上月球，他们所经受的辐射大概会和地磁逆转的某些辐射类似。贝克预计如果发生地磁逆转将会出现更多的眼部、黏膜和胃部的癌症，同时也会出现类似于辐射事故和核战争带来的大范围的急性辐射中毒。这意味着人类的健康将会受到快速的和慢性的影响。虽然一些地球物理学家表示，很难确定地磁逆转时地表的辐射强度会增大多少，这种影响也可能没有贝克预测的那么严重，但许多人都同意，癌症发病率将至少提高 20%。"抗癌之战"将更加艰巨。

　　自 1895 年被称为 X 射线的短电磁波被德国物理学家伦琴发现后，科学家和医生研究了辐射对活体组织的影响。伦琴给他妻子安娜的左手拍摄了那张著名的 X 光片，显示了她手骨那令人震惊的幽灵般图像，还有她手指上结婚戒指的轮廓。伦琴于 1901 年因发现 X 射线而获得诺贝尔物理学奖。有关神秘光线照射损害的报道几乎从当时就立即开始出现[1]，包括烧伤、脱发和死亡。据记载，第一例由 X 射线引起的癌症死亡病例是克莱伦斯·达利（Clarence Dally）。他是一名玻璃吹制工，曾与美国电力大亨爱迪生（Thomas Edison）合作制作 X 射线聚焦管。由于是右撇子，达利的左手反复被 X 射线照射。到左手不堪重负时，他转而使用他的右手继续测试。当他于 1904 年去世时，才 39 岁[2]，那时他的左臂已被截肢到肩膀部位，右臂也被截肢到肘部以上，也都未能阻止迅速蔓延的辐射伤害，这让爱迪生心有余悸地放弃了 X 射线的项目。

在伦琴发现 X 射线一年之后，法国物理学家亨利·贝克勒尔发现了铀能够自发喷射粒子的证据，很快这些物质就被称为"放射性"物质。放射性物质能够自发电离。它们在大自然中并不常见，仅有 29 种元素。在贝克勒尔发现铀的奇特特征之后，玛丽·居里和皮埃尔·居里立即对其进行了实验，并发现了放射性物质镭和钋。这三人于 1903 年一起获得了诺贝尔物理学奖。与 X 射线一样，使用自发放射性物质造成的伤亡也开始迅速增加，尽管几十年中人们并未充分认识到危险。人们曾一度用镭来提亮肤色或者清洗肠道。玛丽·居里常常在她的实验室外套口袋中携带装有放射性物质的试管，她于 1936 年因再生障碍性贫血和骨髓损伤（可能因暴露于辐射）去世，享年 66 岁。她在巴黎法国国家图书馆的笔记如今仍然被装在一个具有放射性屏蔽的铅盒当中。

如今，对于放射性和电磁辐射造成的疾病与死亡的研究大部分来自于 1945 年广岛和长崎原子弹幸存者。还有一部分来自于核电站事故以及放射性治疗失误的案例。而涉及太空旅行者的案例时，24 名阿波罗宇航员是仅有的离开过近地轨道的人类。此外，有航天员在航天飞机上或在国际空间站上驻扎的记录，但所有这些活动都是在范艾伦辐射带的保护下进行的。关于太阳和宇宙粒子损伤的任何其他信息都是实验性或理论性的。

从最基本的理论层面上来说，电磁波带来的放射性物质和辐射与太阳和宇宙高能粒子辐射损害生物的方式类似。它们之间的差异与粒子本身、波的能量、质量以及生物与波的距离有关。自发的放射性衰变，如居里夫妇使用的铀、镭和钋，涉及一个有很多中子的大而笨重的原子。这个原子一直在试图变得稳定，其中一种常见方法就是释放出一个或两个中子。有时它会是两个中子和两个质子连接在一起，形成一个带正电荷的氦原子核，这便是 α 衰变。有时则会抛出一个电子，这便是 β 衰变。有时质子和中子会重新排列，就像人们在鸡尾酒会后去听音乐会时寻找各自座位一样，原子会以伽马射线的形式发出电磁能量。对我们来说最重要的一点就是无论是带电粒子或高能中子或微小的高速电磁波，它们都可以穿透细胞并对其造成伤害。

以铀为例。它以三种同位素的形式存在于地球上。它的核中始终有 92 个质子，因为一旦质子数量发生变化，元素的名称也会发生变化，但中子的数量则不会影响元素的名称，无论是 146，143 还是 142，你都可以将中子加到质子中来命名同位素。地球上最常见的是铀 -238，它有 146 个中子。它通过 α 衰变稳定自身，转化为钍 -234，具有 90 个质子和 144 个中子，在此过程中脱落氦原子核（两个质子，两个中子）。在放射性衰变中形成的同位素被称为子体同位素。最终，经过炼金术一般的变化之后，铀 -238 成为了铅 -206，不活泼且稳定。

一些放射性同位素倾向于裂变，这意味着你可以用中子轰击它们，促使它们分裂成较轻的同位素，然后让它们在链式反应中自发地分裂和释放能量。具有 143 个中子的铀 -235 易于发生链式反应。铀 –238 则可以转化为钚 –239，并引发链式反应。袭击广岛的原子弹则含有铀 –235，落在长崎的原子弹则使用了钚 –239。后来科学家们还学会了如何在核动力反应堆中利用这些放射性链式反应来发电，目前在核电站中通常使用铀 –235 进行发电。

如此一来，就把辐射和地磁逆转联系起来了。所有生物都是通过原子间的电子形成化学键进而组成分子的，但电离辐射和放射性辐射会破坏这些化学键，从而破坏细胞或在细胞中产生可导致其损伤或死亡的连锁化学反应。当它们断开键合时，就会释放电子，使它们运动并赋予电子足够的能量以沿着被称为线性能量传输（LET，linear energy transfer）的损伤轨道电离并进一步激发组织中的其他分子。传递能量的强度是以兆电子伏特来衡量的，这个名字来自于发明了伏打电堆的意大利科学家亚历山德罗·伏特。X 射线的 LET 很低，宇宙射线的 LET 则非常高。能量转移可在组织内产生高度不稳定的离子。这些离子想要获得稳定性，它们会在其他分子中搜寻，在此过程中便会破坏组织。不稳定离子捕获物质的一个主要场所就是 DNA 链。因此关于电离辐射损伤的医学论文通常用 DNA 的显微镜照片展示，辐射在 DNA 上留下的痕迹类似于用锯齿状的刀子拉过缎带留下的裂痕。

宇航员被视为高辐射工作者[3]，就像核反应堆的工作人员一样。他们的主要职业危险被认为是辐射导致的癌症风险。随着时间的推移，他们的累积辐射量被跟踪，在任务期间他们会佩戴辐射剂量计来记录辐射的情况。但辐射是很狡猾的，长时间暴露在固定量辐射所造成的损害与同样数量的短暂强烈辐射不同，这种长期的低剂量接触可能导致癌症等慢性健康问题。空间中缓慢暴露的主要风险来自宇宙射线。那些被认为是由银河系中的超新星爆炸产生的高能质子和原子核的射线，在太空中高速被推进，其中一些高能粒子任何屏蔽都无法阻挡，它们携带的能量远远超过最强大的太阳高能粒子。NASA 表示，由于一些目前尚未研究清楚的原因，它们可能比其他类型的辐射更容易导致癌症[4]。

相比之下，灾难性即时伤害（称为急性放射病）的主要风险来自大型太阳风暴。只要短时暴露在这种风暴中，辐射剂量就会迅速超过身体的可承受范围。1945 年，日本的原子弹事件中有超过 20 万人因急性中毒而死亡，2006 年在伦敦死于放射性物质的前俄罗斯军官亚历山大·利特维年科（Alexander Litvinenko）也是如此，有人可能在他的茶里投了钋-210。他于中毒后三周死亡。死前毛发已全部脱落，甚至都没有眼睫毛，他躺在医院病床上的照片迅速在媒体中传播。急性放射病往往开始得极为迅速，那些能够在体内快速繁殖的细胞，如毛囊细胞、肠道内细胞和骨髓造血细胞首当其冲。病人会不断地恶心并呕吐，随后出现疲劳、厌食和发烧的症状，最后因骨髓衰竭而大出血。如果骨髓严重受损，会导致死亡。如果暴露的辐射量相对较低，骨髓移植还有可能保住性命。

虽然癌症是最可怕的结果，被人们认为是受到辐射后最高的风险，但目前发现暴露于高水平的辐射之下还会带来许多其他方面健康的问题[5]，比如免疫力下降导致的细菌和病毒性疾病、短期的记忆丧失、心脏病发作风险增加、失明，等等。随着时间的推移，还有可能出现白内障、胎儿畸形和不孕不育。而宇宙射线，特别是重离子的辐射还与中枢神经系统的损害有关，中枢神经系统曾经被认为是能够抵御辐射伤害的身体组织，现在看来，辐射可以促使中枢神经系统快速老化，在相对年轻的时候引起痴呆症、阿尔茨海默病、帕金森病和其他形式的神经退行性疾病。

如今科学家们正在努力收集有关空间辐射如何影响生命组织的信息，这不是为可能的地磁逆转做准备，而是为预期在 2030 年开展的长时间火星探测任务做准备。目前，他们还不知道宇宙射线是否与地面辐射源具有完全相同的效果[6]，例如 X 射线、伽马射线和其他实验室里的放射性物质。为了测试这一点，研究能否找到有效的屏蔽，科学家们开发出了类似人体肌肉的材料，这是被称为组织等效塑料的材料[7]，而最流行的配方具有类似于黑色硬蜡笔的外观。2009 年，他们把这种材料放于环绕月球的太空望远镜中，精心调整了厚度，使之类似于空间辐射在到达脆弱的骨髓之前穿透的肌肉厚度。这项工作的结果如今仍在分析之中[8]。

与此同时，NASA 的"好奇"号火星探测器携带了另一个团队研制的辐射探测器载荷飞往火星，该探测器的任务是确定这颗红色星球是否可以维持生命的存在。监视器外覆盖了一层用于宇航服的材料，这些材料意在保护那些可能会前往火星的宇航员。但从 2011 年 11 月 6 日到 2012 年 8 月 6 日[9]，从地球到火星旅行的 220 天期间，监视器吸收了非常多的辐射，这些辐射会导致一个人的寿命至少减少 20 年。对宇航员在火星旅行中可能遇到的辐射分析发现，一次强烈的太阳高能粒子事件就可能导致所有人都死亡[10]。到目前为止，对此依然没有有效的解决办法。

贝克和我聊了几个小时，试图想象未来的世界。

难道我们是要住在地下吗？我问。他说，也许是的。他不知道空间天气频道是否会成为热门的电视频道，露出了一个难得的笑容，这很难做出预测，特别是关于未来的预测。

私下里，我继续思考着这个问题。随着可供人类生活的场地减少，人们会不会重新变成游牧民族，带着磁力计在地球上游荡，以追踪地球磁场残余的地方。春分和秋分，这一年中夜晚和白天等长的两天，与地磁扰动紧密相连的两天，会不会成为未来社会大规模恐慌的日子。或者是否会出现新的宗教教派以安抚愤怒的太阳神，这真是一种奇怪的后现代和反乌托邦假设。与古埃及和古代墨西哥的公民类似，他们以更为温和的理由崇拜太阳。又或者生存的必要性会迫使我们的磁性第六感再次出现，让我们像鸟一样，寻找磁场来生存。可以想象癌症会像古老的麻风病一样涌现，以及被放射毒害的难民们抑或是脑部被射线伤害提前进入痴呆状态的青少年们。硬黑蜡笔般的屏蔽衣服会成为流行吗？

接下来是心理学和社会学层面的问题。我不知道如果象征着终极文明的灯光熄灭，会是什么景象？或当地球有四至八个极点时，人们如何确定自己在哪里？一旦目前的北极移动到南极，那么我们来自哪里？无论人类做什么，核心内部的这场革命都将发生，一个如此习惯于控制生活条件的物种如何适应这样一个事实？

我离开了贝克的办公室，俯瞰着落基山脉，思索着人类的命运，这个话题贝克在我们刚见面的时候就讲过，从那时我就一直在想象。这不是一个事实，而是一个景象，带着好奇和疑虑。

贝克给我讲解了太阳动力学，这门学科的科学家们一度认为已经深入了解了它。最新的太阳周期却表明他们错了，他们对太阳活动的预测被证明完全是错误的。这也让他重新审视我们对地球这扭曲的磁场认知水平。现今，地磁场正在减弱，北极正在奔跑，南大西洋的磁异常区正在变化。所有的这些都表明我们生活的这个旋转磁铁表面虽然平静，但内部神秘涌动。就好像人类正在透过不透明的玻璃对其进行观察一样，即使我们尽最大的努力去尝试，也只能看清楚一个模糊的阴影。

注　释

第一部分

1. **理查德·费曼，诺贝尔奖获得者** Richard Feynman, interview by Christopher Sykes, *Fun to Imagine*, BBC, July 15, 1983.

第一章

1. **迄今为止最精确的描述现实的数学定律** Neil Turok, *The Universe Within: From Quantum to Cosmos* (Toronto: Anansi Press, 2012), 46 et passim.

第二章

1. **将电子固定在原位并允许原子连接成分子的原因** Sean Carroll, in discussion with the author, December 2016.

2. **每个基本力的场，还有管理着物质的其他 13 个场** David Tong, "The Real Building Blocks of the Universe," Royal Institution lecture, November 25, 2016, available online at https://www.youtube.com/ watch? v= zNVQfWC_ evg. As he explains, the thirteen fields have to do with quarks, the electron, neutrinos, and the Higgs.

3. **这种物质遍布于宇宙各处** Sean Carroll, in discussion with the author, December 2016.

4. **"比想象隐形的天使困难得多"** Richard Feynman, *The Feynman Lectures on Physics: Commemorative Issue*, vol. 2 (California Institute of Technology, 1989), 20– 29.

5. **微小的波捆绑成一束能量** Tong, "The Real Building Blocks."

6. **它已经冷却到足以让夸克结合起来形成质子和中子，并最终形成原子核** consult G. Brent Dalrymple, *Ancient Earth, Ancient Skies: The Age of the Earth and Its Cosmic Surroundings* (Stanford: Stanford University Press, 2004).

7. **从氢开始按照原子序数递增依次排列的** 元素从一个质子的氢离子开始直到 118 号人造元素 Og（Oganesson）。到目前为止，拥有更多质子的新元素还在实验室中陆续被制造出来，但是原子序数越大，就越不稳定，因为使原子核保持稳定的核力很难跟上原子序数的增长。

253

8. **这些具有不同中子数目的碳元素被称为同位素** 同位素的命名规则是它的元素名称加上它的质子与中子的数量和。到目前为止，最常见的碳同位素是碳 –12（99%），它有 6 个质子 6 个中子，而碳 –13，有 6 个质子和 7 个中子，约占 1%，碳 –14，它有 6 个质子和 8 个中子，具有放射性，非常罕见，是宇宙辐射留下的热中子进入到碳原子核形成的。这种形式的碳非常不稳定，而碳原子具有一种自发向稳定状态转化的趋势。因此，随着时间的推移，它的一个中子衰变转化为质子，并变为更加稳定的氮 –14。利用碳 –14 的衰变是科学家们判断化石年龄的方法，这种方法以放射性碳同位素命名，被称为碳 –14 定年法。除了碳之外，放射性同位素定年法还可以利用放射性钾元素转化为氩元素这个方法。这种定年法便是证明地磁反转的关键。

9. **除了一些例外** 比如等离子体。

10. **必须以相反的方向旋转** 这就是泡利不相容原理（Pauli's exclusion principle）。

11. **电子其实不喜欢配对** 这就是洪特规则（Hund's rule）。

12. **同时具有大小和方向的量称为矢量** 严格地说，地球的磁场是一个轴向矢量。感谢安德鲁·D. 杰克逊（Andrew D. Jackson）在 2016 年 12 月与作者的邮件沟通。

第四章

1. **大量天然磁铁** Vasilios Melfos et al., "The Ancient Greek Names 'Magnesia' and 'Magnetes' and Their Origin from the Magnetite Occurrences at the Mavrovouni Mountain of Thessaly, Central Greece. A Mineralogical-Geochemical Approach," *Archaeological and Anthropological Sciences 3*, no. 2 (2011): 165–72, doi: 10.1007/ s12520-010-0048-6.

2. **"让铁动起来的物质"** Pliny the Elder, Natural History (Loeb Classical Library, 1938), Book 36, 25, doi: 10.4159/ DLCL. pliny _ elder-natural_ history.1938.

3. **历史学家 A. R. T. 琼克的编年史所记载的** A. R. T. Jonkers, *Earth's Magnetism in the Age of Sail* (Baltimore: Johns Hopkins University Press, 2003), 39–41.

4. **准确预测了公元前 585 年 5 月 28 日的日食** Joshua J. Mark, "Thales of Miletus," *Ancient History Encyclopedia*, September 2, 2009, http:// www.ancient.eu/ Thales_ of_ Miletus/.

5. **穿青铜凉鞋** Diogenes Laërtius, "Empedocles, 484–424 B.C.," in Lives of Eminent Philosophers 8: 69, available online at http:// www.perseus.tufts.edu/ hopper/ text? doc= Perseus% 3Atext%3A1999.01.0258% 3Abook% 3D8% 3Achapter% 3D2.

6. **神秘而完美的环形连接** Jonkers, *Earth's Magnetism*, 40.

7. **维多利亚时代的学者是这么翻译的** Titus Lucretius Carus, *On the Nature of Things*, trans. Hugh Andrew Johnstone Munro (London: Bell, 1908).

8. **伽利略·伽利雷、查尔斯·达尔文和阿尔伯特·爱因斯坦** Harvard University scholar Stephen Greenblatt tracked the resurrection of Lucretius's work in *The Swerve: How the World Became Modern* (New York: W. W. Norton & Company, 2011).

9. **物理学家兼磁学历史学家吉莉安·特纳** Gillian Turner, *North Pole, South Pole: The Epic Quest to Solve the Great Mystery of Earth's Magnetism* (New York: The Experiment, 2011), 9–10.

10. **卢切拉——中世纪地缘政治上的重要据点** For more about the siege of Lucera, consult

Julie Anne Taylor, *Muslims in Medieval Italy: The Colony at Lucera* (New York: Lexington Books, 2005).

11. **随后的考古发掘** John S. Bradford, "The Apulia Expedition: An Interim Report," *Antiquity* 24, no. 94 (June 1950): 84–94.

第五章

1. **与地球的地理极点并不一致** Gregory A. Good, "Instrumentation, History of," *Encyclopedia of Geomagnetism and Paleomagnetism*, eds. David Gubbins and Emilio Herrero-Bervera (Dordrecht, The Netherlands: Springer, 2007), 435 (referred to subse-quently in this chapter as Encyclopedia of G and P).

2. **15 世纪初** A. R. T. Jonkers, *Earth's Magnetism in the Age of Sail* (Baltimore: Johns Hopkins University Press, 2003), 26.

3. **现代重建** See NOAA's Historical Magnetic Declination map for images: https:// maps.ngdc.noaa. gov/ viewers/ historical _ declination/.

4. **诺曼测量出的磁倾角** Allan Chapman, "Norman, Robert (Flourished 1560– 1585)," *Encyclopedia of G and P*, 707.

5. **最近在那不勒斯国家档案馆发现的一封军事信件披露** Paolo Gasparini et al., "Macedonia Melloni and the Foundation of the Vesuvius Observatory," in *Journal of Volcanology and Geothermal Research* 53, no. 1– 4 (1992), doi: 10.1016/ 0377-0273(92)90070-T.

第六章

1. **不是来自天体而是来自陆地** A. R. T. Jonkers, "Geomagnetism, History of," *Encyclopedia of Geomagnetism and Paleomagnetism*, eds. David Gubbins and Emilio Herrero-Bervera (Dordrecht, The Netherlands: Springer, 2007), 356–57 (referred to subsequently in this chapter as Encyclopedia of G and P).

2. **最大的难题是经度** For more, read Dava Sobel and William J. H. Andrewes, *The Illustrated Longitude: The True Story of a Lone Genius Who Solved the Greatest Scientific Problem of His Time* (London: Fourth Estate, 1998), and Jonkers, "Geomagnetism."

3. **68 英里或 110 公里** A. R. T. Jonkers, Andrew Jackson, and Anne Murray, "Four Centuries of Geomagnetic Data from Historical Records," *Review of Geophysics* 41, no. 2 (2003): 2–15, doi: 10.1029/ 2002rg000115. Or, as Sobel puts it, 60 minutes or 1 degree equals 110 kilometers or 68 statute miles in *Illustrated Longitude*, 7.

4. **每天以相同的速率自转** 1543 年，尼古拉斯·哥白尼发表了《天体运行论》，描述了一个以太阳为中心的太阳系，地球每天都在绕地轴自转。

5. **便可以知道走了多少公里或海里** Read Sobel *Illustrated Longitude* for the full story.

6. **偏角为 0** Jonkers, "Geomagnetism," *Geomagnetism*, 356.

7. **吉尔伯特在 16 世纪 80 年代开始他的磁学研究的时候** Stephen Pumfrey, *Latitude*

and the Magnetic Earth: The True Story of Queen Elizabeth's Most Distinguished Man of Science (Duxford, Cambridge: Icon Books, 2003), 70.

8. **这简直称得上耸人听闻** Allan Chapman, "Gilbert, William (1544–1603)," *Encyclopedia of G and P*, 361.

9. **主要目的** Pumfrey, *Latitude and the Magnetic Earth*, 90.

10. **据一位研究吉尔伯特后期作品的学者说** 同上，91.

11. **为了证明他的观点** Dava Sobel, *Galileo's Daughter: A Historical Memoir of Science, Faith, and Love* (New York: Penguin Books, 2000), 173.

12. **或许是受了宗教裁判所的审查员的指示** Pumfrey, *Latitude and the Magnetic Earth*, 222.

13. **被软禁于家中** Read Sobel's *Galileo's Daughter* for the full story.

14. **并不是因为他害怕教会的迫害** Chapman, "Gilbert, William (1544– 1603)," *Encyclopedia of G and P*, 361.

15. **吉尔伯特的同事威廉·哈维（William Harvey）在 1628 年发表** 同上。

16. **地球是造物者创造的核心** A. R. T. Jonkers, "Geomagnetism," 357.

第七章

1. **大约 90 座火山之一** L'Équipe Associées de Volcanologie de L'Université de Clermont-Ferrand II, *Volcanologie de la Chaîne des Puys*, 5th ed. (Clermont-Ferrand, Parc naturel régional des Volcans d'Auvergne, 2009), 20.

2. **用 2000 页拉丁文字解释他是如何推算出具体日期的** James Barr, " Pre-Scientific Chronology: The Bible and the Origin of the World," *Proceedings of the American Philosophical Society* 143, no. 3 (1999): 379–87, http:// www.jstor.org/ stable/ 3181950.

3. **关于它的争论一直延续到 20 世纪后期** Ronald L. Numbers, "The Most Important Biblical Discovery of Our Time: William Henry Green and the Demise of Ussher's Chronology," *Church History* 69, no. 2: 257–76, doi: 10.2307/ 3169579.

4. **水成论者和火成论者都去过奥弗涅** *Volcanologie*, 20.

5. **现代分析** 同上，144.

6. **压力变得太大** 同上，155.

第八章

1. **"没有任何天赋但勤奋又努力的数学家"** S. R. C. Malin and Sir Edward Bullard, "The Direction of the Earth's Magnetic Field at London, 1570–1975," *Philosophical Transactions of the Royal Society of London A: Mathematical, Physical and Engineering Sciences* 299, no. 1450 (1981): 357–423, doi: 10.1098/ rsta.1981.0026.

2. **一路移动** 同上，359.

3. **甘特在** 同上，414.

4. **"崭新而正确的航海图"** Edmond Halley, *The Three Voyages of Edmond Halley in the Paramore 1698—1701*, ed. Norman J. W. Thrower (London: Hakluyt Society, 1980), volume 2.

5. **直到 19 世纪** Julie Wakefield, *Halley's Quest: A Selfless Genius and His Troubled Paramore* (Washington, DC: Joseph Henry Press, 2005), 141.

6. **除非航行时哈雷绘制的等值线和海岸线是平行的** 同上.

7. **整个地球总共应该有四个磁极** Sir Alan Cook, "Halley, Edmond (1656–1742)," *Encyclopedia of Geomagnetism and Paleomagnetism*, eds. David Gubbins and Emilio Herrero-Bervera (Dordrecht, The Netherlands: Springer, 2007), 375.

8. **去世前他做出了一个非常准确的预测** Wakefield, *Halley's Quest*, 141.

9. **磁场强度的公式** 同上, 117.

10. **磁场强度的单位** Gillian Turner, *North Pole, South Pole: The Epic Quest to Solve the Great Mystery of Earth's Magnetism* (New York: The Experiment, 2011), 106.

11. **终于被证明是正确的** Chris Jones, "Geodynamo," *Encyclopedia of G and P*, 287.

12. **他邀请了高斯** Turner, *North Pole, South Pole*, 124.

13. **这是他制作的航海钟系列的第四个** Dava Sobel and William J. H. Andrewes, *The Illustrated Longitude: The True Story of a Lone Genius Who Solved the Greatest Scientific Problem of His Time* (London: Fourth Estate, 1998), 132.

14. **哈里森虽然赢得了奖金** 同上.

15. **近乎狂热** David Gubbins, "Sabine, Edward (1788—1883)," *Encyclopedia of G and P*, 891.

16. **是"英国科学史上最动荡的时期之一"** John Cawood, "The Magnetic Crusade: Science and Politics in Early Victorian Britain," *Isis* 70, no. 4 (1979): 493, doi: 10.1086/ 352338.

17. **还是一个新生儿** 现被称为英国科学协会.

18. **萨宾对磁学充满热情** Gubbins, "Sabine, Edward (1788–1883)," 891.

19. **科学事业上** on a zeal Cawood, "The Magnetic Crusade," 517.

20. **这种热情也是为了显示英国的科学优势** 同上, 494.

21. **策划在殖民地建立气象站和地磁台站** Gubbins, "Sabine, Edward (1788–1883)," 891.

22. **之后萨宾继续前行** 同上.

23. **最伟大的科学事业** William Whewell, quoted by Cawood in "The Magnetic Crusade," 493.

24. **30 个永久地磁台站** Cawood, "The Magnetic Crusade," 512–13.

25. **完善牛顿提出的** 同上, 493.

26. **英国科学历史学家** 同上, 516.

第十一章

1. **"磁和电不是相互独立的"** Feynman, The Feynman *Lectures on Physics: Commemorative Issue*, vol. 2, 13–16.

2. **电场线则有始有终** Sean Carroll, in discussion with the author, December 2016.

3. **它们只有在移动时才会产生磁场** Thanks to Sean Carroll for this explanation, in discussion

with the author, December 2016.

4. **所有磁力都是由这种或那种电流所产生的** Feynman, *Lectures*, 13–16.

5. **假如人相对于静止的电荷处于静止状态** Thanks to Andrew D. Jackson for this explanation in a communication with the author in December 2016.

第十二章

1. **它是完全意义上的中立** John Lewis Heilbron, *Electricity in the 17th and 18th Centuries: A Study of Early Modern Physics* (Berkeley: University of California Press, 1979), 2.

2. **学会的研究员回信给他** 同上，4.

3. **正如现代美国历史学家 J. L. 布隆所解释的那样** 同上，4–5.

4. **"40 年前，人们对电力一无所知"** 同上，6.

5. **就像把一束光装在肥皂泡里一样荒谬** Park Benjamin, *The Intellectual Rise in Electricity: A History* (London: Longmans, Green & Co., 1895), 502.

6. **但是在 1746 年 1 月，莱顿大学的哲学教授，具有传奇色彩的荷兰物理学家彼得·冯·马森布罗克** 几个月前，普鲁士的路德会牧师埃瓦尔德·冯·克莱斯特（Ewald von Kleist）也独立完成了类似的发明。可惜的是冯·克莱斯特对自己的实验过程描述得太糟糕，以至于没有人能复制他的实验。因此，这项发明的功劳归于冯·马森布罗克，并以他所在城市命名。

7. **冯·马森布罗克用拉丁文给法国科学家莱奥姆尔写信** Benjamin, *The Intellectual Rise in Electricity*, 519.

8. **"以至于我现在理解不了也无法解释"** Heilbron, *Electricity in the 17th and 18th Centuries: A Study of Early Modern Physics*, 314.

9. **此后人们将莱顿瓶改良，内部和外部表面各涂一层铅代替罐子里的水，作为两个电极** Patricia Fara, *An Entertainment for Angels: Electricity in the Enlightenment* (Duxford, Cambridge: Icon Books, 2002), 56.

10. **正如剑桥大学科学历史学家帕特里夏·法拉所解释的那样** 同上.

11. **这个实验很危险** 同上，54–55.

12. **他们真是生活在一个"奇迹时代"** 同上，70.

13. **简直就是一场狂欢** 同上，71.

14. **有一次，他小心翼翼地拆解了莱顿瓶** Joseph Priesley, *The History and Present State of Electricity: With Original Experiments* (London: printed for C. Bathurst et al., 1775), 201–203, available online at https://archive.org/details/ historyandprese00priegoog.

15. **1752 年 6 月，暴风雨席卷费城** 同上，216–20.

16. **闪电的奥秘今天仍在探索中** Joseph R. Dwyer and Martin A. Uman, "The Physics of Lightning," *Physics Reports* 534, no.4(2014):147–241, doi: 10.1016/ j.physrep.2013.09.004.

17. **云的方向移动并裂开来** 有时候，正负电荷的放电反应也可能是地面的正电荷升起，在云里与负电荷相遇。

18. **在英国王室** Fara, *Entertainment for Angels*, 3.

第十三章

1. **交织在一起** Anja Skaar Jacobsen, "Introduction: Hans Christian Ørsted's Chemical Philosophy," in H. C. Ørsted, *H. C. Ørsted's Theory of Force: An Unpublished Textbook in Dynamical Chemistry*, ed. and trans. Anja Skaar Jacobsen, Andrew D. Jackson, Karen Jelved, and Helge Kragh (Copenhagen: The Royal Danish Academy of Sciences and letters, 2003), xii.

2. **奥斯特就将他的科学著作称为"文学作品"** Andrew D. Jackson and Karen Jelved, "Translators' Note," in *Theory of Force*, xxxiii.

3. **宗教崇拜的一种形式** Andrew D. Wilson, "Introduction," in Hans Christian Ørsted, *Selected Scientific Works of Hans Christian Ørsted*, trans. and ed. Karen Jelved, Andrew D. Jackson, and Ole Knudsen (Princeton: Princeton University Press, 1998), xli.

4. **由于这种压倒一切的自然哲学以及对实验的信仰** Robert M. Brain, "Introduction," in Robert M. Brain, Robert S. Cohen, and Ole Knudsen, eds., *Hans Christian Ørsted and the Romantic Legacy in Science: Ideas, Disciplines, Practices* (Dordrecht, The Netherlands: Springer, 2007), xvi.

5. **伽伐尼用绵羊和青蛙做了试验，包括活的和死的** Patricia Fara, *An Entertainment for Angels: Electricity in the Enlightenment* (Duxford, Cambridge: Icon Books, 2002), 150–52.

6. **在他 1799 年的博士论文中** Andrew Jackson, in a communication with the author in December 2016.

7. **他还打算在课堂上进行一项实验** "Introduction," xvii.

8. **"要破坏整个牛顿科学的结构"** Leslie Pearce Williams, *Michael Faraday: A Biography* (New York: Simon and Schuster, 1971), 140.

9. **丹麦第一个** Helge Kragh, "Preface," in *H. C. Ørsted's Theory of Force*, ii.

10. **然而，正如科学历史学家** Gerald Holton put it Gerald Holton, "The Two Maps: Oersted Medal Response at the Joint American Physical Society, American Association of Physics Teachers Meeting, Chicago, January 22, 1980," *American Journal of Physics* 48, no. 12 (1980): 1014–19, doi:10.1119/ 1.12297.

11. **代表了那个时代大部分的英国人** Brain, "Introduction," *Hans Christian Ørsted and the Romantic Legacy in Science*, xiv.

第十四章

1. **简·马塞特所写的《化学对话》** Thanks to Andrew D. Jackson for this note in a communication with the author in December 2016.

2. **偶然获得戴维讲座门票** These and other details are from Leslie Pearce Williams, *Michael Faraday: A Biography* (New York: Simon and Schuster, 1971).

3. **他曾将方程式描述为"象形文字"** David Bodanis, *Electric Universe: How Electricity Switched on the Modern World* (New York: Three Rivers Press, 2005), 70.

4. **法拉第公开了自己的名字，第一次尝到了出名的滋味** Nancy Forbes and Basil

Mahon，*Faraday, Maxwell, and the Electromagnetic Field: How Two Men Revolutionized Physics* (Amherst, NY: Prometheus Books, 2014), 61.

5. **电线便顺时针绕磁铁旋转** 同上，59.

6. **"结果令人非常满意，但需要做一套更灵敏的装置"** David Gooding, "Nature's School," in David Gooding and Frank A. J. L. James, ed. and introd., *Faraday Rediscovered: Essays on the Life and Work of Michael Faraday, 1791– 1867* (New York: Stockton Press, 1985), 120.

第十五章

1. **"一种奇特的善良氛围"** Leslie Pearce Williams, *Michael Faraday: A Biography* (New York: Simon and Schuster, 1971), 5.

2. **在实验室里搭个玻璃熔炉** Nancy Forbes and Basil Mahon, *Faraday, Maxwell, and the Electromagnetic Field: How Two Men Revolutionized Physics* (Amherst, NY: Prometheus Books, 2014), 63.

3. **大气中的氧气含量** Frank A. J. L. James, *Michael Faraday: A Very Short Introduction* (Oxford: Oxford University Press, 2010), 83–86.

4. **在电磁学历史性的那一刻之后** Forbes and Mahon, *Faraday, Maxwell, and the Electromagnetic Field*, 69.

5. **在他实验的当天** 同上，70–73.

6. **也启发了奥斯特 1820 年那个著名的实验** Thanks to Andrew D. Jackson for this note in a communication with the author in December 2016.

第十六章

1. **要复杂得多** Thanks to Andrew D. Jackson for this note in a communication with the author in December 2016.

2. **电磁波可以具有任何的长度** Neil Turok, *The Universe Within: From Quantum to Cosmos* (Toronto: Anansi Press, 2012), 47.

3. **我们可以看到的电磁波仅限于可见光频段** 同上.

4. **麦克斯韦方程在理论上连接了空间和时间** 同上.

5. **时间和空间都不是彼此互相独立的存在** Brian Greene, "Introduction," in Albert Einstein, *The Meaning of Relativity: Including the Relativistic Theory of the Non-Symmetric Field* (Princeton: Princeton University Press: 2014), viii–ix.

6. **被称为爱因斯坦的奇迹之年** 11 年后，爱因斯坦进一步提出了广义相对论，将空间、时间、质量、能量和引力都联系了起来。

第十七章

1. **然后发生了一些事件** Read G. Brent Dalrymple, *Ancient Earth, Ancient Skies: The Age of the Earth and its Cosmic Surroundings* (Stanford: Stanford University Press, 2004), 20– 23, for more detail

here. Also, thanks to Sabine Stanley of Johns Hopkins for this and the following explanation in various conversations with the author from 2015 to 2017.

2. 这有助于其在围绕地轴旋转时，将热量从内核中分流出去 Thanks to Sabine Stanley for this note in communication with the author in March 2017.

3. 前提条件是我们要去到月球和火星 Thanks to Sabine Stanley for this in communication with the author in March 2017.

4. 对于太阳来说 Eugene Parker, "Dynamo, Solar," in *Encyclopedia of Geomagnetism and Paleomagnetism*, eds. David Gubbins and Emilio Herrero-Bervera (Dordrecht, The Netherlands: Springer, 2007), 178.

5. 包括伽利略在 1612 年绘制的整整一个月的太阳黑子情况 Dava Sobel, *Galileo's Daughter: A Historical Memoir of Science, Faith, and Love* (New York: Penguin Books, 2000), 58.

第十八章

1. 被后世称为阿萨姆邦地震 Nicolas Ambrasey and Roger Bilham, "Reevaluated Intensities for the Great Assam Earthquake of 12 June 1897, Shillong, India," *Bulletin of the Seismological Society of America* 93, no. 2 (2003): 655–73, doi: 10.1785/ 0120020093.

2. 提出了相互竞争的六个地球内部结构模型 This description is based on Stephen G. Brush, "Chemical History of the Earth's Core," *Eos, Transactions American Geophysical Union* 63, no. 47 (1982): 1185–88, doi: 10.1029/ EO063i047p01185; Stephen G. Brush, "Nineteenth-Century Debates About the Inside of the Earth: Solid, Liquid or Gas?" *Annals of science* 36, no. 3 (1979): 225–54, doi: 10.1080 / 00033797900200231; Stephen G. Brush, "Discovery of the Earth's Core," American Journal of Physics 48, no. 9 (1980): 705–24, doi: 10.1119 / 1.12026.

3. 但本质上的分歧是关于地球年龄的分歧 Charles Coulston Gillispie, *Genesis and Geology: A Study in the Relations of Scientific Thought, Natural Theology, and Social Opinion in Great Britain, 1790—1850.* (New York: Harper, 1959).

4. 地表下沸腾的大锅释放多余能量的直接管道 Brush, "Nineteenth-Century Debates," 228.

5. 包裹着一种冒泡的灼热液体 同上，229.

6. 否则地球必将屈服于月亮和太阳的引力 同上，239.

7. 生鸡蛋摇摆不定 同上，242.

8. 那时她只有十几岁，"Seismology in the Days of Old," *Eos, Transactions American Geophysical Union* 68, no. 3 (1987): 33–35, doi: 10.1029/ EO068i003p00033-02.

9. 因为发现地狱而跳楼 Erik Hjortenberg, "Inge Lehmann's Work Materials and Seismological Epistolary Archive," *Annals of Geophysics* 52, no. 6 (2009): 691, doi: 10.4401/ ag-4625.

10. 以至于他的家人只有在他们一起吃饭时才能看到他，或者是在周日散步时才能拥有和他相处的时光 Bruce A. Bolt, "Inge Lehmann: 13 May 1888—21 February 1993," *Biographical Memoirs of Fellows of the Royal Society* 43 (1997): 287, doi: 10.1098/

rsbm.19997.0016.

11. **而进入上流社会** Andrew D. Jackson, in a conversation with the author in March 2016.

12. **木工、足球和针线活** Hjortenberg, "Inge Lehmann's Work Materials," 682.

13. **因此作为奖励，她的数学老师给了她一些更难的问题** Bolt, "Inge Lehmann," 287.

14. **莱曼作为女性的行动自由受到了"严格限制"** 同上，288.

15. **这些问题对于莱曼来说都不算问题** 同上，289.

16. **"你应该知道女性在和男性竞争时是多么无能为力"** 同上，297.

17. **莱曼说服他用自己安静的低档酒店房间与她预定的昂贵高级酒店房间交换** Hjortenberg, "Inge Lehmann's Work Materials," 683.

18. **"我当然在夏季别墅里"** 同上，684.

19. **"魔法"** Bolt, "Inge Lehmann," 291.

20. **用燕麦盒临时做成的纸质卡片进行计算** 同上，297.

21. **但杰弗里斯只是搪塞她，而且一拖就整整四年** Hjortenberg, "Inge Lehmann's Work Materials," 690–96.

22. **正式写入地震学的权威教科书中** David Gubbins, "Lehmann, Inge (1888—1993)," *Encyclopedia of Geomagnetism and Paleomagnetism*, eds. David Gubbins and Emilio Herrero-Bervera (Dordrecht, The Netherlands: Springer, 2007), 469.

23. **与格陵兰站的协调等工作** Bolt, "Inge Lehmann," 291.

24. **杰弗里斯写信给玻尔** Hjortenberg, "Inge Lehmann's Work Materials," 695.

第十九章

1. **日本是全球火山活动最频繁的地区** W. Yan, "Japan's Volcanic History, Hidden Under the Sea," *Eos, Transactions American Geophysical Union* 97 (2016), doi:10.1029/ 2016EO054761.

2. **很少有磁场方向位于南北之间的岩石** 考虑到后来发现大陆是移动的，这个发现真是难得的奇迹。

3. **美国地球物理学家艾伦·考克斯** Allan Cox, Richard R. Doell, and G. Brent Dalrymple, "Reversals of the Earth's Magnetic Field," *Science* 144, no. 3626 (1964): 1537–43, doi: 10.1126/ science.144.3626.1537.

4. **这就是为什么很少有材料能够随着时间的推移保持磁化的原因** 奈尔还发现了反铁磁性物质，这是一种原子内自旋相互抵消的物质。奈尔点，类似居里点，是反铁磁性物质失去这种排列的温度。

5. **他在 2002 年发表的论文表明，白吕纳的研究结果是绝对正确无误的** Carlo Laj et al., "Brunhes' Research Revisited: Magnetization of Volcanic Flows and Baked Clays," *Eos, Transactions American Geophysical Union* 83, no. 35 (2002): 381–87, doi: 10.1029/ 2002EO000277.

6. **改装成了一个流动的岩石采样实验室** Louis Brown, *Centennial History of the Carnegie Institution of Washington: Volume 2*, The Department of Terrestrial Magnetism (Cambridge: Cambridge

University Press, 2004), 121.

7. 他随之向奈尔寻求帮助 Gillian Turner, *North Pole, South Pole: The Epic Quest to Solve the Great Mystery of Earth's Magnetism* (New York: The Experiment, 2011), 173.

8. 地球的磁场已经多次逆转 J. Hospers, "Summary of Studies on Rock Magnetism," *Journal of Geomagnetism and Geoelectricity* 6, no. 4 (1954): 172–75.

9. 28 位主要古地磁学研究人员进行的一项调查发现 Turner, *North Pole, South Pole*, 182– 83.

10. 1964 年，加利福尼亚州门洛帕克市美国地质调查局的工作人员阿伦·考克斯、理查德·德尔和布伦特·达尔林普尔 "Reversals of the Earth's Magnetic Field." Science 144, no. 3626 (1964): 1537–43.

11. 一个小小的防水布工棚作为实验场地 Konrad Krauskopf, "Allan V. Cox, December 17, 1926–January 27, 1987," in National Academy of Sciences (US). *Biographical memoirs/ National Academy of Sciences of the United States of America* (Columbia University Press; National Academy of Sciences, vol. 71, 1977), 20. https:// www.nap.edu/ read/ 5737/ chapter/ 3.

第二十章

1. 1912 年，德国地球物理学家和气象学家阿尔弗雷德·魏格纳进行了两次公开演讲 David P. Stern, "A Millennium of Geomagnetism," *Reviews of Geophysics* 40, no. 3 (2002): 17, doi: 10.1029/ 2000RG000097; Edward Bullard, "The Emergence of Plate Tectonics: A Personal View," *Annual Review of Earth and Planetary Sciences* 3, no. 1 (1975): 3–8, doi: 10.1146/ annurev.ea.03.050175.000245.

2. 解释了他为何早年强烈反对这个学说的原因 Bullard, "Emerberce, " 5.

3. 当年的《时代》杂志上的一篇文章深度报道了他们的成果 Gillian Turner, *North Pole, South Pole: The Epic Quest to Solve the Great Mystery of Earth's Magnetism* (New York: The Experiment, 2011), 179.

4. 他们将这种现象重新命名为"视极移" There is something known as "true polar wander." For an explanation, see Vincent Courtillot, "True Polar Wander," *Encyclopedia of Geomagnetism and Paleomagnetism*, eds. David Gubbins and Emilio Herrero-Bervera (Dordrecht, The Netherlands: Springer, 2007), 956–67.

5. 它们往往都是海底火山带 Bullard, "Emergence," 10.

6. 并将其视为"女人的结论" Marie Tharp, "Connect the Dots: Mapping the Seafloor an Discovering the Mid-Ocean Ridge," in Laurence Lippsett, ed., *LamontDoherty Earth Observatory of Columbia: Twelve Perspectives on the First Fifty Years, 1949—1999,* ed. Laurance Lippsett (New York: Lamont-Doherty Earth Observatory of Columbia, 1999).

7. 与会的科学家们既惊讶又怀疑，甚至鄙视 同上 .

8. 对广阔陆地的磁测读数非常熟悉 Lawrence W. Morley, "Early Work Leading to the Explanation of the Banded Geomagnetic Imprinting of the Ocean Floor," *Eos, Transactions American*

Geophysical Union 67, no. 36 (1986): 665–66, doi: 10.1029/ EO067i036p00665.

9. **海洋盆地演化** Robert S. Dietz, "Continent and Ocean Basin Evolution by Spreading of the Sea Floor," *Nature* 190, no. 4779 (1961): 854–57, doi: 10.1038/ 190854a0.

10. **莫利迅速写了一篇论文** Morley, "Early Work."

11. **更适合在鸡尾酒会上讨论，而不是在严肃的科学期刊中发表** 同上.

12. **"你应该不会相信这些歪理吧？"** Bullard, "Emergence," 20.

13. **我感到异常激动** Konrad Krauskopf, "Allan V. Cox, December 17, 1926–January 27, 1987," in National Academy of Sciences (US), *Biographical memoirs/ National Academy of Sciences of the United States of America* (Columbia University Press; National Academy of Sciences, vol. 71, 1977), 20. https:// www.nap.edu/ read/ 5737/ chapter/ 3.

第二十一章

1. **当维勒尔还在剑桥大学的大卫·古宾斯教授带领下攻读博士学位时** 古宾斯则师从著名的地球物理学家泰迪·布拉德。

2. **过去 380 年的记录及其随时间的变化汇总在一起** Jeremy Bloxham and David Gubbins, "The Evolution of the Earth's Magnetic Field," *Scientific American* 261, no. 6 (1989), doi: 10.1038/ scientificamerican1289–68.

3. **该线穿过大西洋中部** For maps over time, see NOAA's Historical Magnetic Declination map at https:// maps.ngdc.noaa.gov/ viewers/ historical_ declination/.

4. **如今在哥本哈根工作的地球物理学家安德鲁·杰克逊** 这一位杰克逊并不是哥本哈根尼尔斯·玻尔研究所，那位熟悉汉斯·克里斯蒂·奥斯特的理论物理学家，而是另有其人。

5. **磁通量异常区一直在增长，并一直向西移动** I. Wardinski and R. Holme, "A Time- Dependent Model of the Earth's Magnetic Field and Its Secular Variation for the Period 1980–2000," *Journal of Geophysical Research: Solid Earth* 111, no. B12 (2006): 11, doi: 10.1029/ 2006JB004401.

6. **一大片蓝色** 同上.

第二十二章

1. **这个模型展示了 2015 年时地球外核的环流样子** Christopher C. Finlay, Julien Aubert, and Nicolas Gillet, "Gyre-Driven Decay of the Earth's Magnetic Dipole," *Nature Communications* 7 (2016): 10422, doi: 10.1038/ ncomms10422.

2. **在 2016 年发表的一篇论文指出** Javier F. Pavon-Carrasco and Angelo De Santis, "The South Atlantic Anomaly: The Key for a Possible Geomagnetic Reversal," *Frontiers in Earth Science* 4 (2016): 40, doi: 10.3389 / feart.2016.00040.

3. **目前还不清楚岩石是否能在高度受干扰的逆转磁场中捕获磁场信号** Jean-Pierre Valet and Alexandre Fournier, "Deciphering Records of Geomagnetic Reversals," *Reviews*

of Geophysics 54, no. 2 (2016): 410–46, doi: 10.1002/ 2015RG000506.

4. **意大利研究员莱昂纳多·萨格诺蒂最近发表的一篇论文指出** Leonardo Sagnotti et al., "Extremely Rapid Directional Change During Matuyama-Brunhes Geomagnetic Polarity Reversal," *Geophysical Journal International* 199, no. 2 (2014): 1110–24, doi:10.3389/ feart.2016.00040.

5. **它的强度大约是过去五次逆转前强度的两倍** Valet and Fournier, "Deciphering Records," passim.

6. **非线性意味着输出与输入不成正比** Thank you to Sabine Stanley and to Chris Finlay for this explanation, in communications with the author in July 2017.

7. **混沌系统概念最著名的解释来自气象学界** Kenneth Chang, "Edward N. Lorenz, a Meteorologist and a Father of Chaos Theory, Dies at 90," *New York Times*, April 17, 2008, http:// www. nytimes.com / 2008/ 04/ 17/ us/ 17lorenz.html.

8. **如果一只蝴蝶在巴西拍打它的翅膀** Edward Lorenz, "The Butterfly Effect," *World Scientific Series on Nonlinear Science Series A* 39 (2000): 91–94.

9. **250 多 年 来** June Barrow-Green, *Poincaré and the Three Body Problem* (Providence, RI: American Mathematical Society, 1997), 7.

10. **这里还有一个发人深省的事实** Alain Mazaud, "Geomagnetic Polarity Reversals," *Encyclopedia of Geomagnetism and Paleomagnetism*, eds. David Gubbins and Emilio Herrero-Bervera (Dordrecht, The Netherlands: Springer, 2007), 323.

第二十三章

1. **他在 2002 年撰写了一篇著名的评论《消失的偶极子》发表在《自然》上** Peter Olson, "Geophysics: The Disappearing Dipole," *Nature* 416, no. 6881 (2002): 591–94, doi: 10.1038/ 416591a.

2. **同期的《自然》中还有另一篇著名的文章** Gauthier Hulot et al., " Small-Scale Structure of the Geodynamo Inferred from Oersted and Magsat Satellite Data," *Nature* 416, no. 6881 (2002): 620–23, doi:10.1038 / 416620a.

3. **可能是逆转的一个开始** David Gubbins, "Earth Science: Geomagnetic Reversals." *Nature* 452, no. 7184 (2008): 165–67, doi:10.1038 / 452165a.

4. **阅读这篇文章就像阅读一份清晰的法律简报** Catherine Constable and Monika Korte, "Is Earth's Magnetic Field Reversing?" *Earth and Planetary Science Letters* 246, no. 1 (2006): 1–16, doi: 10.1016/ j.epsl.2006.03.038.

5. **法 国 的 一 项 研 究** Carlo Laj and Catherine Kissel, "An Impending Geomagnetic Transition? Hints from the Past," *Frontiers in Earth Science* 3 (2015): 61, doi.:10.3389/ feart.2015.00061.

6. **两位意大利研究人员** Angelo De Santis and Enkelejda Qamili, "Geosystemics: A Systemic View of the Earth's Magnetic Field and the Possibilities for an Imminent Geomagnetic Transition," *Pure and Applied Geophysics* 172, no. 1 (2015): 75–89, doi:10.1007 / s00024-014-0912-x.

7. **一项巧妙的研究** John A. Tarduno et al., "Antiquity of the South Atlantic Anomaly and Evidence for Top-Down Control on the Geodynamo," *Nature Communications* 6 (2015), doi: 10.1038/ ncomms8865.

8. **他强调了过去 160 年间地球磁场偶极子的剧烈衰退** John Tarduno and Vincent Hare, "Does an Anomaly in the Earth's Magnetic Field Portend a Coming Pole Reversal?" *The Conversation,* February 5, 2017, updated February 17, 2017, http:// theconversation.com/ does-an-ano maly-in-the-earths-magnetic-field-portend-a- coming-pole-reversal-47528.

9. **2017 年发表的一篇引人入胜的论文** Erez Ben-Yosef et al., "Six Centuries of Geomagnetic Intensity Variations Recorded by Royal Judean Stamped Jar Handles," *Proceedings of the National Academy of Sciences* 114, no. 9 (2017): 2160– 65, doi: 10.1073/ pnas.1615797114.

10. **但我们不会悲观** Jean-Pierre Valet and Alexandre Fournier, "Deciphering Records of Geomagnetic Reversals," *Reviews of Geophysics* 54, no. 2 (2016): 410–46, doi: 10.1002 / 2015RG000506.

第二十四章

1. **这些反应堆中的钠燃烧事故时有发生** Deukkwang An et al., "Suppression of Sodium Fires with Liquid Nitrogen," *Fire Safety Journal* 58 (2013): 204–7, doi: 10.1016/ j.firesaf.2013.02.001.

2. **也不确定地球内部动力场现在的运行方式与过去数十亿年来的运行方式是否相同** Masaru Kono, "Geomagnetism in Perspective," in Masaru Kono, ed. *Geomagnetism: Treatise on Geophysics*, vol. 5 (Radarweg, The Netherlands: Elsevier, 2009).

第二十五章

1. **贝克特别感兴趣的是** See Daniel N. Baker and Louis J. Lanzerotti, "Resource Letter SW1: Space Weather," *American Journal of Physics* 84, 166 (2016), doi: 10.1119/ 1.4938403.

2. **火星的发电机停止了工作** David J. Stevenson, "Dynamos, Planetary and Satellite," *Encyclopedia of Geomagnetism and Paleomagnetism*, eds. David Gubbins and Emilio Herrero-Bervera (Dordrecht, The Netherlands: Springer, 2007), 207.

3. **逐渐刮走了火星的大气层** "NASA's MAVEN Reveals Most of Mars' Atmosphere was Lost to Space," NASA Press Release, April 30, 2017, available at https:// mars.nasa.gov/ news/ 2017/ nasas-maven-reveals-most-of-mars-atmosphere-was-lost-to-space.

第二十六章

1. **当时太阳喷射而出的大量等离子速度达到了每秒 2000 千米** Ramon E. Lopez et al., "Sun Unleashes Halloween Storm," Eos, Transactions American Geo-physical Union 85, no. 11 (2004): 105–8, doi: 10.1029/ 2004EO110002.

2. **位于地球上空 400 千米处的国际空间站（范艾伦辐射带内）内的宇航员** Donald L. Evans et al., "Service Assessment. Intense Space Weather Storms October 19–November 7, 2003," Silver Spring, MD: NOAA (2004).

3. **超过 10 万英里的电报线连接了这两块大洲** David H. Boteler, "The Super Storms of August/ September 1859 and Their Effects on the Telegraph System," *Advances in Space Research* 38, no. 2 (2006): 159–72, doi: 10.1016/ j.asr.2006.01.013.

4. **现在它被认定为太阳辐射最坏情况的基准，这种情况下的太阳辐射会危及宇航员的生命安全** L. W. Townsend et al., "Carrington Flare of 1859 as a Prototypical Wors-Case Solar Energetic Particle Event," *IEEE Transactions on Nuclear Science* 50, no. 6 (2003): 2307–9, doi: 10.1109/ TNS.2003.821602.

5. **天空中仿佛出现了溪流** Freddy Moreno Cárdenas et al., "The Grand Aurorae Borealis Seen in Colombia in 1859," *Advances in Space Research* 57, no. 1 (2016): 258, doi: 10.1016/ j.asr.2015.08.026.

6. **整个天空都出现了斑驳的红色** 同上，258.

7. **有些人跑到礼拜堂祈祷，祈祷这些极光不要带来更多的灾难** 同上.

8. **新的电报系统及其电缆成为这次磁暴的主要受攻击对象** "Super Storms," 163. The detail on telegraph abnormalities is from his paper, passim.

9. **在 1859 年 8 月下旬卡林顿看到超级风暴之前的耀斑时** 同上，160.

10. **其怀疑者中最著名的就是开尔文勋爵，也就是大西洋电缆的总负责人** 同上，170.

11. **一项研究发现** Ying D. Liu et al., "Observations of an Extreme Storm in Interplanetary Space Caused by Successive Coronal Mass Ejections," *Nature Communications* 5 (2014): 3481, doi: 10.1038/ ncomms 4481.

12. **它的强度将大约达到卡林顿事件一半的程度** D. N. Baker et al., "A Major Solar Eruptive Event in July 2012: Defining Extreme Space Weather Scenarios," *Space Weather* 11 (2013): 590, doi: 10.1002/ swe.20097.

13. **根据分析超级太阳风暴潜在后果的报道** Edward J. Oughton et al., "Quantifying the Daily Economic Impact of Extreme Space Weather Due to Failure in Electricity Transmission Infrastructure," *Space Weather* 15, doi: 10.1002/ 2016SW001491; Mike Hapgood, "Lloyd's 360° Risk Insight Briefing: Space Weather: Its Impact on Earth and Implications for Business," Lloyd's of London, 2010.

第二十七章

1. **最初的研究** Robert J. Uffen, "Influence of the Earth's Core on the Origin and Evolution of Life," *Nature* 198 (1963): 143–44, doi: 10.1038 / 198143b0.

2. **两次大规模物种灭绝事件** J. A. Jacobs, *Reversals of the Earth's Magnetic Field*, 2nd ed. (Cambridge: Cambridge University Press, 1994), 293.

3. **这个指数的变化和地磁逆转相关性非常之高** Ian K. Crain, "Possible Direct Causal Relation Between Geomagnetic Reversals and Biological Extinctions," *Geological Society of America Bulletin* 82 (1971): 2603–6, doi: 10.1130/00167606(1971)82[2603: PDCRBG]2.0.CO;2.

4. **放射性铍大量增加** G. M. Raisbeck, F. Yiou, and D. Bourles, "Evidence for an Increase in

Cosmogenic 10Be During a Geomagnetic Reversal," *Nature* 315 (1985): 315–17, doi: 10.1038/ 315315a0.

5. 臭氧层被破坏 Karl-Heinz Glassmeier and Joachim Vogt, "Magnetic Polarity Transitions and Biospheric Effects: Historical Perspective and Current Developments," *Space Science Review* 155, no. 1– 4 (2010): 400, doi: 10.1007/ s11214-010-9659-6.

6. 最后一小部分尼安德特人在拉尚漂移发生时消失了 Jean-Pierre Valet and Hélène Valladas, "The Laschamp-Mono Lake Geomagnetic Events and the Extinction of Neanderthal: A Causal Link or a Coincidence?" *Quaternary Science Reviews* 29, no. 27–28 (2010): 3887–93, doi: 10.1016/ j.quascirev.2010.09.010.

7. 德国物理学家卡尔– 海因兹·格拉斯梅尼尔和约阿希姆·沃格特 Glassmeier and Vogt, "Magnetic Polarity Transitions," 406.

第二十八章

1. 以赫利俄斯太阳风暴场景研究为例 E. Oughton, J. Copic, A. Skelton, V. Kesaite, Z. Y. Yeo, S. J. Ruffle, M. Tuveson, A. W. Coburn, and D. Ralph, "The Helios Solar Storm Scenario," Cambridge Risk Framework series, Centre for Risk Studies, University of Cambridge (2016).

2. 2017 年发表了其研究结果 E. Oughton et al., "Quantifying the Daily Economic Impact of Extreme Space Weather Due to Failure in Electricity Transmission Infrastructure," *Space Weather* 15, no. 1 (2017): 65–83, doi: 10.1002/ 2016SW001491.

3. 在英国航天局资助的一项研究中 J. P. Eastwood et al., "The Economic Impact of Space Weather: Where Do We Stand?" *Risk Analysis* 37, no. 2 (2017): 206–18, doi: 10.1111/ risa.12765.

4. 根据 2017 年空间天气对卫星产业影响的研究报告显示 J. C. Green, J. Likar, Yuri Shprits, "Impact of Space Weather on the Satellite Industry," Space Weather 15, no. 6 (2017): 804–18, doi: 10.1002/ 2017SW001646.

5. 不了解太阳风暴对通信系统的不良后果给人们的教训 D. J. Knipp et al., "The May 1967 Great Storm and Radio Disruption Event: Extreme Space Weather and Extraordinary Responses," *Space Weather* 14, no.9 (2016): 614–33, doi:10.1002 / 2016SW001423.

第二十九章

1. 然后换乘出租车前往杜伊斯堡埃森大学的办公室 在这次拜访后不久，他就被任命为德国奥尔登堡大学（University of Oldenburg）生物与环境研究所（Institute for Biology and Environmental Studies）所长。

2. 目前存在两种主要理论 Michael Winklhofer, "The Physics of Geomagnetic-Field Transduction in Animals," *IEEE Transactions on Magnetics* 45, no. 12 (2009), doi: 10.1109/ TMAG.2009.2017940.

3. 含有多达其重量 2% 的铁磁性物质或类似物质 Atsuko Kobayashi and Joseph L. Kirschvink, "Magnetoreception and Electromagnetic Field Effects: Sensory Perception of the

Geomagnetic Field in Animals and Humans," in *Electromagnetic Fields Advances in Chemistry* 250 (1995): 368, doi:10.1021/ ba-1995-0250.ch021.

4. 人们所描述的人类潜意识，或许就是源于对磁场感知的力量 同上，374.

5. 有人认为鸟类甚至可以用负责视觉的大脑处理并形成磁场图像 Thorsten Ritz et al., "A Model for Photoreceptor-Based Magnetoreception in Birds," *Biophysical Journal* 78, no. 2 (2000): 707–18, doi: 10.1016/ S0006- 3495(00)76629-X.

6. 地磁逆转过程中的磁场快速变化可能会破坏动物返回巢穴的能力 Kenneth J. Lohmann et al., "Geo-magnetic Imprinting: A Unifying Hypothesis of Long-Distance Natal Homing in Salmon and Sea Turtles," *PNAS* 105, no. 49 (2008): 19096–101, doi: 10.1073/ pnas.0801859105.

第三十章

1. 有关神秘光线照射损害的报道几乎从当时就立即开始出现 K. Sansare et al, "Early Victims of X-Rays," *Dentomaxillofacial Radiology* 40 (2011): 123–25, doi: 10.1259 / dmfr/ 73488299.

2. 1904 年去世时，才 39 岁 Raymond A. Gagliardi, "Clarence Dally: An American Pioneer," *American Journal of Roentgenology* 157, no. 5 (1991): 922, doi: 10.2214/ ajr.157.5.1927809.

3. 宇航员被视为高辐射工作者 Kira Bacal and Joseph Romano, "Radiation Health and Protection," in *Space Physiology and Medicine: From Evidence to Practice*, eds. Arnaud E. Nicogossian et al. (Dordrecht, The Netherlands: Springer, 2016), 205.

4. 它们可能比其他类型的辐射更容易导致癌症 同上，214.

5. 目前发现暴露于高水平的辐射之下还会带来许多其他方面健康的问题 同上.

6. 他们还不知道宇宙射线是否与地面辐射源具有完全相同的效果 Jancy McPhee and John Charles, eds., *Human Health and Performance Risks of Space Exploration Missions: Evidence Reviewed by the NASA Human Research Program*(National Aeronautics and Space Administration, Lyndon B. Johnson Space Center, 2009), 123.

7. 这是被称为组织等效塑料的材料 H. E. Spence et al. "CRaTER: The Cosmic Ray Telescope for the Effects of Radiation Experiment on the Lunar Reconnaissance Orbiter Mission," *Space Science Reviews* 150, no. 1 (2010): 243–84, doi: 10.1007/ s11214-009-9584-8.

8. 这项工作的结果如今仍在分析之中 M. D. Looper et al., "The Radiation Environment Near the Lunar Surface: Crater Observations and Geant4 Simulations," *Space Weather* 11 (2013): 142–52, doi:10.1002 / swe.20034.

9. 但从 2011 年 11 月 6 日到 2012 年 8 月 6 日 Bacal and Romano, "Radiation Health and Protection," 211.

10. 一次强烈的太阳高能粒子事件就可能导致所有人都死亡 Susan McKenna-Lawlor et al., "Overview of Energetic Particle Hazards During Prospective Manned Missions to Mars," *Planetary and Space Science* 63–64 (2012): 123–32, doi: 10.1016/ j.pss.2011.06.017.

参考文献

Baker, Daniel N., and Louis J. Lanzerotti. "Resource Letter SW1: Space Weather." *American Journal of Physics* 84, no. 3 (2016): 166–80. doi:10.1119/1.4938403.

Baker, Daniel N., X. Li, A. Pulkkinen, C. M. Ngwira, M. L. Mays, A. B. Galvin, and K.D.C. Simunac. "A Major Solar Eruptive Event in July 2012: Defining Extreme Space Weather Scenarios." *Space Weather* 11, no. 10 (2013): 585–91. doi:10.1002/swe.20097.Benjamin, Park. *The Intellectual Rise in Electricity: A History*. London: Longmans, Green &, 1895.

Bloxham, Jeremy, and David Gubbins. "The Evolution of the Earth's Magnetic Field." *Scientific American* 261, no. 6 (1989): 68–75. doi:10.1038/scientificamerican1289-68.

Bodanis, David. *Electric Universe: How Electricity Switched on the Modern World*. New York: Three Rivers Press, 2005.

Bolt, Bruce A. "Inge Lehmann. 13 May 1888–21 February 1993." *Biographical Memoirs of Fellows of the Royal Society* 43 (1997): 286–301.

Boteler, D. H. "The Super Storms of August/September 1859 and Their Effects on the Telegraph System." *Advances in Space Research* 38, no. 2 (2006): 159–72. doi:10.1016/j.asr.2006.01.013.

Brain, Robert M., Robert S. Cohen, and Ole Knudsen, eds. *Hans Christian Ørsted and the Romantic Legacy in Science: Ideas, Disciplines, Practices*. Dordrecht, The Netherlands: Springer, 2007.

Brush, Stephen G. "Chemical History of the Earth's Core." *Eos, Transactions American Geophysical Union* 63, no. 47 (1982): 1185. doi:10.1029/eo063i047p01185.

———. "Discovery of the Earth's Core." *American Journal of Physics* 48, no. 9 (1980): 705–24. doi:10.1119/1.12026.

———. "Nineteenth-Century Debates About the Inside of the Earth: Solid, Liquid or Gas?" *Annals of Science* 36, no. 3 (1979): 225–54. doi:10.1080/00033797900200231.

Bullard, Edward. "The Emergence of Plate Tectonics: A Personal View." *Annual Review of Earth and Planetary Sciences* 3, no. 1 (1975): 1–31. doi:10.1146/annurev.ea.03.050175.000245.

Cawood, John. "The Magnetic Crusade: Science and Politics in Early Victorian Britain." *Isis* 70, no. 4 (1979): 493–518. doi:10.1086/352338.

Constable, Catherine, and Monika Korte. "Is Earth's Magnetic Field Reversing?" *Earth and Planetary Science Letters* 246, no. 1–2 (2006): 1–16. doi:10.1016/j.epsl.2006.03.038.

Cox, Allan, Richard R. Doell, and G. Brent Dalrymple. "Reversals of the Earth's Magnetic Field." *Science* 144, no. 3626 (1964): 1537–43. doi:10.1126/science.144.3626.1537.

Cárdenas, Freddy Moreno, Sergio Cristancho Sánchez, and Santiago Vargas Dománguez. "The Grand Aurorae Borealis Seen in Colombia in 1859." *Advances in Space Research* 57, no. 1 (2016): 257–67. doi:10.1016/j.asr.2015.08.026.

Dalrymple, G. Brent. *Ancient Earth, Ancient Skies: The Age of Earth and Its Cosmic Surroundings.* Palo Alto: Stanford University Press, 2004.

Dietz, Robert S. "Continent and Ocean Basin Evolution by Spreading of the Sea Floor." *Nature* 190, no. 4779 (1961): 854–57. doi:10.1038/190854a0.

Eastwood, J. P., E. Biffis, M. A. Hapgood, L. Green, M. M. Bisi, R. D. Bentley, R. Wicks, L.-A. Mckinnell, M. Gibbs, and C. Burnett. "The Economic Impact of Space Weather: Where Do We Stand?" *Risk Analysis* 37, no. 2 (2017): 206–18. doi:10.1111/risa.12765.

Einstein, Albert. *The Meaning of Relativity: Including the Relativistic Theory of the Non-Symmetric Field.* Princeton: Princeton University Press, 2014.

Fara, Patricia. *An Entertainment for Angels: Electricity in the Enlightenment.* Cambridge: Icon, 2003.

———. *Fatal Attraction: Magnetic Mysteries of the Enlightenment.* Cambridge: Icon, 2005.

Feynman, Richard Phillips, Matthew Sands, and Robert B. Leighton. *The Feynman Lectures on Physics.* Palo Alto: Stanford University Press, 1989.

Finlay, Christopher C., Julien Aubert, and Nicolas Gillet. "Gyre-Driven Decay of the Earth's Magnetic Dipole." *Nature Communications* 7 (2016): 10422. doi:10.1038/ncomms10422.

Forbes, Nancy, and Basil Mahon. *Faraday, Maxwell, and the Electromagnetic Field: How Two Men Revolutionized Physics.* Amherst, NY: Prometheus Books, 2014.

Glassmeier, Karl-Heinz, and Joachim Vogt. "Magnetic Polarity Transitions and Biospheric Effects." *Space Science Reviews* 155, no. 1–4 (2010): 387–410. doi:10.1007/s11214-010-9659-6.

Gooding, David, and Frank A.J.L. James, eds. *Faraday Rediscovered: Essays on the Life and Work of Michael Faraday, 1791–1867.* New York: Stockton Press, 1985.

Greenblatt, Stephen. *The Swerve: How the World Became Modern.* New York: W. W. Norton & Company, 2011.

Gubbins, David. "Earth Science: Geomagnetic Reversals." *Nature* 452, no. 7184 (2008): 165–67. doi:10.1038/452165a.

Gubbins, David, and Emilio Herrero-Bervera, eds. *Encyclopedia of Geomagnetism and Paleomagnetism.* Dordrecht, The Netherlands: Springer, 2007.

Halley, Edmond. *The Three Voyages of Edmond Halley in the Paramore, 1698–1701.* Edited by Norman J. W. Thrower. Vols. 1, 2. London: Hakluyt Society, 1980.

Heilbron, John Lewis. *Electricity in the 17th and 18th Centuries: A Study of Early Modern Physics.* Berkeley: University of California Press, 1979.

Hjortenberg, Erik. "Inge Lehmann's Work Materials and Seismological Epistolary Archive." *Annals of Geophysics* 52, no. 6 (2009): 679–98. doi:10.4401/ ag-4625.

Holton, Gerald. "The Two Maps: Oersted Medal Response at the Joint American Physical Society, American Association of Physics Teachers Meeting, Chicago, 22 January 1980." *American Journal of Physics* 48, no. 12 (1980): 1014–19. doi:10.1119/1.12297.

Jacobsen, Anja Skaar, Andrew D. Jackson, Karen Jelved, and Helge Kragh, eds. *H.C. Ørsted's Theory of Force: An Unpublished Textbook in Dynamical Chemistry.* Copenhagen: Royal Danish Academy of Sciences and Letters, 2003.

James, Frank A.J.L. *Michael Faraday: A Very Short Introduction.* Oxford: Oxford University Press, 2010.

Jelved, Karen, Andrew D. Jackson, and Ole Knudsen, eds. *Selected Scientific Works of Hans Christian Ørsted.* Princeton: Princeton University Press, 1998.

Jonkers, A.R.T. *Earth's Magnetism in the Age of Sail.* Baltimore: Johns Hopkins University Press, 2003.

Jonkers, A.R.T., Andrew Jackson, and Anne Murray. "Four Centuries of Geomagnetic Data from Historical Records." *Reviews of Geophysics* 41, no. 2 (2003). doi:10.1029/2002rg000115.

Knipp, D. J., A. C. Ramsay, E. D. Beard, A. L. Boright, W. B. Cade, I. M. Hewins, R. H. Mcfadden, W. F. Denig, L. M. Kilcommons, M. A. Shea, and D. F. Smart. "The May 1967 Great Storm and Radio Disruption Event: Extreme Space Weather and Extraordinary Responses." *Space Weather* 14, no. 9 (2016): 614–33. doi:10.1002/2016sw001423.

Kobayashi, Atsuko, and Joseph L. Kirschvink. "Magnetoreception and Electromagnetic Field Effects: Sensory Perception of the Geomagnetic Field in Animals and Humans." *Electromagnetic Fields Advances in Chemistry*, 1995, 367–94. doi:10.1021/ba-1995-0250.ch021.

Kono, Masaru, ed. *Geomagnetism: Treatise on Geophysics*. Vol. 5. Radarweg, The Netherlands: Elsevier, 2009.

Laj, Carlo, and Catherine Kissel. "An Impending Geomagnetic Transition? Hints from the Past." *Frontiers in Earth Science* 3 (2015). doi:10.3389/feart.2015.00061.

Laj, Carlo, Catherine Kissel, and Hervé Guillou. "Brunhes' Research Revisited: Magnetization of Volcanic Flows and Baked Clays." *Eos, Transactions American Geophysical Union* 83, no. 35 (2002): 381. doi:10.1029/2002eo000277.

Lehmann, Inge. "Seismology in the Days of Old." *Eos, Transactions American Geophysical Union* 68, no. 3 (1987): 33–35. doi:10.1029/eo068i003p00033-02.

Lippsett, Laurence, ed. *Lamont-Doherty Earth Observatory: Twelve Perspectives on the First Fifty Years, 1949–1999*. Palisades, NY: Lamont-Doherty Earth Observatory of Columbia University, 1999.

Lohmann, Kenneth J., N. F. Putman, and C.M.F. Lohmann. "Geomagnetic Imprinting: A Unifying Hypothesis of Long-Distance Natal Homing in Salmon and Sea Turtles." *Proceedings of the National Academy of Sciences* 105, no. 49 (2008): 19096–101. doi:10.1073/pnas.0801859105.

Malin, S. R. C., and Sir Edward Bullard. "The Direction of the Earth's Magnetic Field at London, 1570–1975." *Philosophical Transactions of the Royal Society A: Mathematical, Physical and Engineering Sciences* 299, no. 1450 (1981): 357–423. doi:10.1098/rsta.1981.0026.

Mckenna-Lawlor, Susan, P. Gonçalves, A. Keating, G. Reitz, and D. Matthiä. "Overview of Energetic Particle Hazards During Prospective Manned Missions to Mars." *Planetary and Space Science* 63–64 (2012): 123–32. doi:10.1016/j.pss.2011.06.017.

Morley, Lawrence W. "Early Work Leading to the Explanation of the Banded Geomagnetic Imprinting of the Ocean Floor." *Eos, Transactions American Geophysical Union* 67, no. 36 (1986): 665. doi:10.1029/eo067i036p00665.

Nicogossian, Arnaud E., R. S. Williams, C. L. Huntoon, C. R. Doarn, J. D. Polk, and V. S. Schneider, eds. *Space Physiology and Medicine: From Evidence to Practice*. Dordrecht, The Netherlands: Springer, 2016.

Oughton, Edward, Jennifer Copic, Andrew Skelton, Viktorija Kesaite, Jaclyn Zhiyi Yeo, Simon J. Ruffle, Michelle Tuveson, Andrew W. Coburn, and Daniel Ralph. "The Helios Solar Storm Scenario." *Cambridge Risk Framework Series, Centre for Risk Studies, University of Cambridge*, 2016.

Oughton, Edward J., Andrew Skelton, Richard B. Horne, Alan W. P. Thomson, and Charles T. Gaunt. "Quantifying the Daily Economic Impact of Extreme Space Weather Due to Failure in Electricity Transmission Infrastructure." *Space Weather* 15, no. 1 (2017): 65–83. doi:10.1002/2016sw001491.

Priestley, Joseph. *The History and Present State of Electricity, with Original Experiments*. London: Printed for C. Bathurst, and T. Lowndes; J. Rivington, and J. Johnson; S. Crowder, 1775. https://archive.org/details/historyandprese00priegoog.

Pumfrey, Stephen. *Latitude & the Magnetic Earth*. Duxford, Cambridge: Icon Books, 2003.

Ritz, Thorsten, Salih Adem, and Klaus Schulten. "A Model for Photoreceptor-Based Magnetoreception in Birds." *Biophysical Journal* 78, no. 2 (2000): 707–18. doi:10.1016/s0006-3495(00)76629-x.

Sobel, Dava. *Galileo's Daughter: A Historical Memoir of Science, Faith, and Love*. New York: Penguin Books, 2000.

Sobel, Dava, and William J. H. Andrewes. *The Illustrated Longitude: The True Story of a Lone Genius Who Solved the Greatest Scientific Problem of His Time*. London: Fourth Estate, 1998.

Stern, David P. "A Millennium of Geomagnetism." *Reviews of Geophysics* 40, no. 3 (2002). doi:10.1029/2000rg000097.

Tarduno, John A., Michael K. Watkeys, Thomas N. Huffman, Rory D. Cottrell, Eric G. Blackman, Anna Wendt, Cecilia A. Scribner, and Courtney L. Wagner. "Antiquity of the South Atlantic Anomaly and Evidence for Top-Down Control on the Geodynamo." *Nature Communications* 6 (2015): 7865. doi:10.1038/ncomms8865.

Townsend, L. W., E. N. Zapp, D. I. Stephens, and J. I. Hoff. "Carrington Flare of 1859 as a Prototypical Worst-Case Solar Energetic Particle Event." *IEEE Transactions on Nuclear Science* 50, no. 6 (2003): 2307–309. doi:10.1109/tns.2003.821602.

Turner, Gillian. *North Pole, South Pole: The Epic Quest to Solve the Great Mystery of Earth's Magnetism*. New York: Experiment, 2011.

地磁简史

Turok, Neil. *The Universe Within: From Quantum to Cosmos.* Toronto: Anansi Press, 2012.

Valet, Jean-Pierre, and Alexandre Fournier. "Deciphering Records of Geomagnetic Reversals." *Reviews of Geophysics* 54, no. 2 (2016): 410–46. doi:10.1002/2015rg000506.

Valet, Jean-Pierre, and Hélène Valladas. "The Laschamp-Mono Lake Geomagnetic Events and the Extinction of Neanderthal: A Causal Link or a Coincidence?" *Quaternary Science Reviews* 29, no. 27–28 (2010): 3887–93. doi:10.1016/j.quascirev.2010.09.010.

Wakefield, Julie. *Halley's Quest: A Selfless Genius and His Troubled Paramore.* Washington, DC: Joseph Henry Press, 2005.

Williams, Leslie Pearce. *Michael Faraday: A Biography.* New York: Simon and Schuster, 1971.

Winklhofer, Michael. "The Physics of Geomagnetic-Field Transduction in Animals." *IEEE Transactions on Magnetics* 45, no. 12 (2009): 5259–65. doi:10.1109/tmag.2009.2017940.

致　谢

　　我要感谢所有帮助我完成这本书的科学家们。是你们把我从宇宙的诞生带进地心的混沌，又从地心的混沌带进神奇的外层太空。这真是一次精彩纷呈的旅行！我由衷地对你们每一个人在工作时所展现出来的热情、敬业精神以及想象力表示感谢。

　　首先，我要感谢约翰·霍普金斯大学的萨宾·史丹利（Sabine Stanley）。你是我写这本书时所采访的第一个人（这里还要感谢哈佛大学的杰里·米特罗维尔（Jerry Mitrovica）向我引荐了你）。如果没有你，这一切也只是一个稍纵即逝的想法。自始至终，你总是能给我带来充满智慧、耐心和幽默的启发。

　　我还要感谢坚韧不拔的雅克·科恩普鲁斯特，克莱蒙费朗地球环境观测中心的名誉主任，他不仅向我介绍了众多的知识，还开车带我环游法国，不但给我介绍了伯纳德·白吕纳，还让我见识到了多姆火山上罗马时代的瑰宝：奥西瓦尔和圣内泰尔（Orcival and Saint-Nectaire）。真的是万分感谢！同样还要感谢帕斯卡大学的让-弗朗索瓦·里南（Jean-François Lénat），是你的鼓励让自由与科学的精神至始至终贯穿于这本书。

　　哥本哈根玻尔研究所的安德鲁·D.杰克逊（Andrew D.

Jackson）不但带我了解了汉斯·奥斯特的一生，更带我走进了原子及磁场的内部世界。谢谢你对我的所有帮助，你为这本书初稿的上半部分做了很多工作，更让我意识到依然还有太多的东西需要学习。

牛津大学的克纳尔·马克·尼尔科（Conall Mac Niocaill）在 3 月花费了一个下午来为我讲解有关磁力的基本概念并向我展示了相关的实验。伦敦皇家学会的弗兰克·詹姆斯（Frank James）更是在百忙之中抽出了一整天时间为我介绍了法拉第，并带我去了档案馆查阅内部资料。迈克尔·温克霍费尔（Michael Winklhofer）在德国的杜伊斯堡埃森大学陪我呆了一整天，向我阐释生物是如何感知磁场的，请我吃了午餐，还开车送我到车站。马里兰大学帕克分校热情的丹尼尔·拉斯洛普（Daniel Lathrop）也为我提供了非常多帮助。

丹麦技术大学的克里斯·芬利（Chris Finlay）一直给予我巨大的帮助。非常感谢！谢谢你为我提供了在南特召开的 SEDI 会议的信息，我很幸运地在这里遇见了克里斯·琼斯（Chris Jones）、理查德·霍尔梅（Richard Holme）、凯西·康斯特布尔（Cathy Constable）、凯西·维勒尔（Kathy Whaler）、彼得·奥尔森（Peter Olson）、克里斯汀·托马斯（Christine Thomas）、科林·菲利普（Collin Phillips）、菲利普·卡丹（Philippe Cardin）、比尔·麦克多诺（Bill McDonough）、哈盖·阿米特（Hagay Amit）、伯努瓦·郎兰（Benoit Langlais）、戈捷·于诺（Gauthier Hulot）和其他对这本书有贡献的人。

如果没有科罗拉多大学博尔德分校 LASP 实验室的丹尼

尔·贝克（Daniel Baker）的帮助，我写不出这本书。他和我进行了详细的交谈，并细致地向我解释了他的工作。

我在写作这本书的时候，还融入了科学史学者 A.R.T. 琼克（A.R.T. Jonkers）和吉莉安·特纳（Gillian Turner）的研究。大卫·古宾斯（David Gubbins）和埃米利奥·埃雷拉-波贝拉（Emilio Herrero-Bervera）编的《地磁学和古地磁学的百科全书》一直是我手边的参考书。

最后，要感谢加州理工大学的理论物理学家肖恩·卡罗尔（Sean Carroll），在关键的时刻为我解释了宇宙的四大基本力、量子场论和电子相关的问题，谢谢您的慷慨相助！

我知道即使在完成这本书的过程中获得了这么多人的帮助，这本书依然有很多不足，而这些不足都是我自身的缘故。

我最初开始构思这本书是因为库克代理商那两位充满好奇心和活力并且非常慷慨大方的代理人：莎莉·哈丁（Sally Harding）和罗恩·埃克尔（Ron Eckel），感谢你们俩的帮助！

我常想起我的责任编辑，达顿出版社的斯蒂芬·莫罗（Stephen Morrow），作为本书的编辑，你为这本书注入了戏剧性的想法，我的意思是你从一开始就勾勒出了这本书的布局和范围，并在正确的时间点提出正确的思路。你的不懈支持，还有一些奇特新奇的想法，对我的意义非常重大，谢谢你！

在刚刚开始想要写这本书的时候，加拿大企鹅兰登书屋的尼克·加里森（Nick Garrison）带着我在多伦多度过了一个难忘的中午，并在午餐中促成了这本书的诞生。虽然写作总是那么折磨人，但是真的非常感谢！

达顿出版社的玛德琳·纽奎斯特（Madeline Newquist），非常感谢你耐心的帮助，还有达顿出版社的文案编辑罗谢尔·曼蒂克（Rachelle Mandik），你的天赋让我佩服得五体投地！

最后谢谢我的詹姆斯，无论是现在还是未来你都是生命中为我指明方向的指南针！

阿兰娜·米切尔

图书在版编目（CIP）数据

地磁简史 /（加）阿兰娜·米切尔著；冯永勇，向凌威
译. —北京：商务印书馆，2022
（地平线系列）
ISBN 978−7−100−20309−8

Ⅰ. ①地… Ⅱ. ①阿… ②冯… ③向… Ⅲ. ①地磁
学—科学史 Ⅳ. ① P318

中国版本图书馆 CIP 数据核字（2021）第 173745 号

地磁简史

〔加〕阿兰娜·米切尔　著

冯永勇　向凌威　译

商 务 印 书 馆 出 版
（北京王府井大街36号　邮政编码100710）
商 务 印 书 馆 发 行
北京艺辉伊航图文有限公司印刷
ISBN　978−7−100−20309−8

2022 年 1 月第 1 版　　　开本 880×1230　1/32
2022 年 1 月北京第 1 次印刷　印张 9½

定价：56.00 元